5Sos

MW01221658

$$R_t = \frac{\ln 2}{\lambda} \frac{N_A}{M_M} E$$

$$2\pi\sqrt{\frac{L}{g}}$$

$$T = \sqrt[4]{R_t \rho r \frac{1}{3\sigma}}$$

$2^2 = 4^1$
$= 5^{0?}$

GOOD

BAD

?

100 BIG #
WOW

SCIENCE
BEAM

$^{244}Pu: 8 \times 10$

6 AU

$(\theta) - n)$

$n \times 4 \times$

^{238}Pu

$N = \frac{4.3y}{L_{snake}}$

ϕ

$T_{fall} = \frac{\pi}{2}$

λ

137

素读 AiDR | 探索家

UNREAD

Randall Munroe

那些古怪
又让人忧心的问题又来了

邓舒夏
尔欣中
苟利军
—
译

〔美〕

兰道尔·门罗
—
著

what if?2

再**荒诞的问题** 都可能有**更多**符合**科学原理的答案**

天津出版传媒集团

天津科学技术出版社

Additional Serious Scientific Answers to *Absurd Hypothetical Questions*

著作权合同登记号：图字 02-2022-280

What if? 2: Additional Serious Scientific Answers to Absurd
Hypothetical Questions
by Randall Munroe
Copyright © 2022 by xkcd inc.
Simplifed Chinese edition copyright © 2023 by United Sky (Beijing)
New Media Co., Ltd
All rights reserved.

图书在版编目（CIP）数据

那些古怪又让人忧心的问题又来了 / (美) 兰道尔·
门罗著；邓舒夏，尔欣中，苟利军译. -- 天津：天津
科学技术出版社，2023.4（2023.8重印）
　　书名原文：WHAT IF 2
　　ISBN 978-7-5742-0765-3

　　Ⅰ.①那… Ⅱ.①兰… ②邓… ③尔… ④苟… Ⅲ.
①科学知识 - 普及读物 Ⅳ.①Z228.1

中国国家版本馆CIP数据核字(2023)第010746号

审图号：GS 京（2023）0039 号

那些古怪又让人忧心的问题又来了
NAXIE GUGUAI YOU RANG REN YOUXIN DE
WENTI YOU LAI LE

选题策划：联合天际
责任编辑：胡艳杰

出　　版：	天津出版传媒集团 天津科学技术出版社
地　　址：	天津市西康路35号
邮　　编：	300051
电　　话：	（022）23332695
网　　址：	www.tjkjcbs.com.cn
发　　行：	未读（天津）文化传媒有限公司
印　　刷：	北京联兴盛业印刷股份有限公司

关注未读好书

客服咨询

开本 710 × 1000　1/16　　印张 21.25　　字数 260 000
2023年8月第1版第3次印刷

定价：88.00元

本书若有质量问题，请与本公司图书销售中心联系调换　　　　未经许可，不得以任何方式
电话：(010) 52435752　　　　　　　　　　　　　　　　复制或抄袭本书部分或全部内容
　　　　　　　　　　　　　　　　　　　　　　　　　　　版权所有，侵权必究

免责声明

不要在家中尝试书里提到的任何东西。

　　本书作者是一位互联网漫画家，并非健康和安全领域的专业人士。他喜欢把东西点燃或者引爆，这说明他没有为你的人身安全着想。出版方和作者不会为本书所含内容直接或间接导致的任何后果负责任。

前　言

　　我喜欢荒诞的问题，因为没人会知道答案，也就意味着感到困惑也没关系。

　　我在大学里学的是物理，所以我觉得有很多东西我应该知道——比如电子的质量，或者用气球摩擦头发时，头发为什么会竖起来。如果你问我一个电子有多重，我会感到有点儿焦虑，这就像是一次突击测验，如果我不查就不知道答案，那就有麻烦了。

　　但如果你问我宽吻海豚体内所有的电子有多重，那就是另一回事了。没有人能立刻知道这个数字，除非他们有一份**特别**酷的工作。这意味着感到困惑、有点儿犯傻并且花点儿时间去查资料是没关系的。［答案是大约半磅（1 磅 =0.45 千克），以防有人问你。］

　　有时候，回答简单的问题会变得出乎意料地难。话说回来，为什么你用气球摩擦头发的时候头发就会竖起来呢？科学课上通常给出的答案是，电子从你的头发转移到气球上，让你的头发带正电，带电的毛发相互排斥就会立起来。

　　除非……电子为什么会从头发转移到气球上？为什么它们不走另一条路呢？

　　这些都是很好的问题，答案没有人知道。物理学家还没有发现什么很好的通用理论用于解释为什么有些材料在接触中会从表面失去电子，而另一些材料则会获得电子。这种现象被称为摩擦起电，属于前沿研究领域。

　　同样的科学道理被用来回答严肃的问题和愚蠢的问题。摩擦起电对理解暴风雨中闪电的形成很重要。计算生物体中亚原子粒子的数量是物理学家在模拟辐射危害时所做的事情。试图回答愚蠢的问题可以让你了解一些严肃的科学。

　　即使这些答案对任何事情都没有用处，光是知道它们就很有趣了。你手里拿着的这本书的重量相当于两只海豚的电子重量。这些信息可能对任何事情都没有用处，但我希望你喜欢它们。

目　　录

1 天体浓汤

SOUPITER

Q. 如果太阳系里从太阳一直到木星都充满汤会怎样？

—— 阿梅丽娅，5岁

A. 在你向太阳系灌汤之前，请确保每个人都安全离开了。

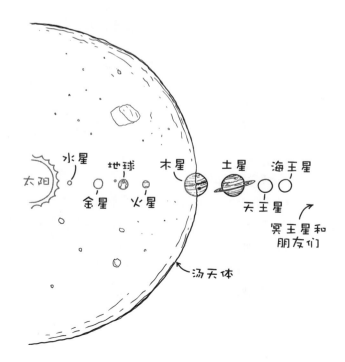

如果太阳系从太阳一直到木星都充满汤，可能头几分钟一些人还能坚持存活，但接下来的半个小时就谁也坚持不了了。然后，时间将终结。

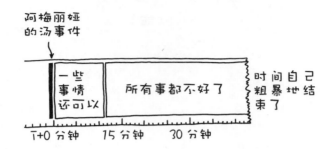

充满太阳系，大约需要 2×10^{39} 升的汤。如果是番茄汤，则相当于 10^{42} 卡路里（1 卡路里 =4.19 焦耳），这比太阳一生释放的所有能量还多。

这汤将会非常重，没有东西能够逃脱它巨大的引力，它将会成为一个黑洞。这个黑洞的事件视界（引力强到光也无法逃脱的区域）将延伸到天王星的轨道。冥王星一开始会在视界之外，但这并不意味着它能逃脱——它在被吸收之前拥有的时间仅够广播一条无线电消息。

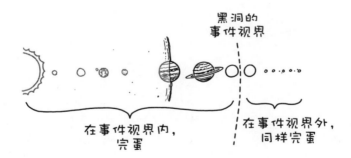

从内部看，这个汤将会是什么样？

首先，这时你不会想站在地球的表面。即使我们假设汤在太阳系内部与行星们同步转动，每颗行星附近有一点点旋涡，因此汤在接触其表面的地方是稳定的，地球引力产生的压力也会在几秒钟内使汤压碎行星上所有的人。地球引力也许不像黑洞引力那么强，但吸引足够的汤海压垮你也绰绰有余。毕竟在地球引力作用下，普通海洋的压力就能做到这一点，而阿梅丽娅的汤远比海洋更深。

如果你漂浮在行星之间，远离了地球的引力，你将感受良好一小会儿，这有点儿奇怪。即使汤没有杀死你，你也会在黑洞之内。难道不会出于某种原因而……立刻死掉吗？

奇怪的是，并不会这样！通常来讲，当你接近一个黑洞时，潮汐力会把你撕裂。但是越大的黑洞潮汐力越弱，这个木星汤黑洞大约是银河系质量的 1/500。即使以天文标准来看，它也是一个怪物——与目前已知的最大黑洞相当。阿梅丽娅的"汤制超大黑洞"非常大，足以让你身体的不同部位感受到同样的拉力，所以你不会感觉到任何潮汐力。

即使你无法**感受**到汤的引力，它还是会给你加速，使你立刻飞向汤的中心。1 秒后，你已经下落了 20 千米，并且以 40 千米每秒的速度继续，这比大多数太空飞船都快。但是因为汤也会和你一起下落，所以你不会感到有什么不一样。

当汤向太阳系中心塌缩时，它的分子会被挤压到一起，它产生的压力也会上升。只需几分钟，压力就能达到把你压垮的量级。如果你在某种深汤潜水器中，就是那种人们通常用来探索深海海沟的压力容器，估计你能坚持 10 到 15 分钟。

你没有办法逃离这个汤，汤中的一切都会向着奇点飞过去。在一个正常的宇宙里，我们都被时间拖着向前走，没有办法停下或者后退。但在一个黑洞的视界里，时间在某种意义上并不**向前**流动，而是**向中心**流动，所有的时间线也都汇集指向中心。

如果从黑洞中一个不幸观测者的角度看，大约需要半个小时，汤和其中所有的东西都将会落入中心。在那之后，我们对时间的定义和对物理的一般理解就会完全被破坏了。

在汤之外，时间还会继续流逝，问题也会继续发生。汤之黑洞将会开始蚕食太阳系的其余部分，几乎直接从冥王星开始，然后很快就是柯伊伯带。在接下来的几千年里，这个黑洞将大块收割银河系，狼吞虎咽地吃掉恒星，并且向四面八方继续扩散。

那么问题来了：这到底是一种什么汤？

如果阿梅丽娅用浓汤来填充太阳系，并且有行星漂浮在里面，那就是行星浓汤？如果汤里已经有面条了，那就变成行星 - 面条汤，或者说这些行星更像是泡馍？如果你做了一锅面条汤，然后有人向里面撒了一些石头和土，那就是面条 - 泥土汤了吗，或者仅仅是面条汤变脏了？太阳的存在使它成为恒星汤了吗？

　　网络上人们喜欢争论汤的分类，幸运的是，物理学可以解决这个特殊情况下的争议。我们认为黑洞不会保留进入它们的物质的特性，物理学家称之为**"无毛定律"**，即黑洞没有任何可以区分的特点或者可以定义的特征，除了质量、角动量和电荷等几个简单的变量，所有黑洞都是一样的。

　　换句话说，无论你在黑洞汤里放入什么材料，这份秘方最后做出来的东西都一样。

1　译注：作者此处在借用黑洞的"无毛定律"开玩笑。

2 直升机骑手

HELICOPTER RIDE

Q. 如果你双手抓在直升机的螺旋桨上，随后有人启动了直升机，会发生什么？

——科班·布兰希特

A. 你可能正在想象一部动作电影里的酷炫场景：

啊啊啊啊……

如果是这样，你可能要失望了，因为实际发生的情况可能是这样的：

直升机旋翼需要转动一段时间才能达到一定的速度。当旋翼开始转动，需要 10 到 15 秒完成第一圈，所以你将会度过一段尴尬时间：在转出飞行员视野之外前，你和对方会有一次眼神接触。

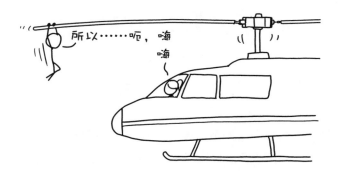

幸运的是，你大概不会第二次从飞行员的面前转过，因为很快你就会尴尬地掉下去。

在螺旋桨静止不动的时候，抓住它光滑的表面已经非常困难了。即使你找到一个舒服的把手，在它完整转一圈之前，你大概率也会因为抓不住而滑下去。

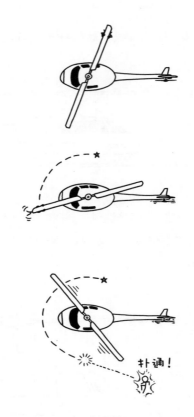

　　直升机的螺旋桨很大，这使得它们看起来比实际转动得慢，我们并不习惯大型物体飞快转动。当直升机停在平台上，缓慢转动螺旋桨时，它们看起来可能非常温和，像婴儿床上方摇摇摆摆的玩具。但是如果你试图抓住螺旋桨的一头，那你一定会被狠狠地甩出去。

　　从螺旋桨启动到它旋转完第一个半圈，需要 5 到 10 秒。你如果抓着它，在那一刻会明显地向外甩开，你会额外感觉到一个 10 磅到 20 磅的离心力。幸运的是，大多数直升机的螺旋桨离地面很近，你应该能在跌落中幸存，只会受一些小伤，以及自尊心受挫。

　　如果你真的想方设法抓住了，那事情会很快变得更糟糕。当桨叶转过一整圈[1]，其产生的离心力将比引力更强地拉你，使你向外摆动，这个额外的力相当于另一个人挂在了你身上。

1　一定要挑一架主螺旋桨叶和尾桨距离足够长的直升机，如果你很擅长在恰当时机做引体向上的话就当我没说。

即使你真能牢牢抓住，可能也很难坚持下去。如果你想一路爬到螺旋桨上，就需要使用某种装置保持手与桨叶相连。

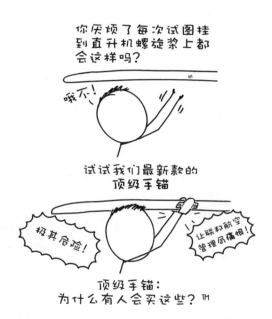

如果螺旋桨继续加速到它正常的速率，并且你能用某种方法保持与其连接，那么又转了一整圈之后，你将会被水平向外甩起来，此时手将会承受几倍于你体重的重量。如果你挂在上面 20 秒，螺旋桨将会每秒钟转一圈，给你的手施加大概几吨的拉力。30 秒后，你将会以某种方式从直升机上掉下来，如果你的手还抓在螺旋桨上，那么它们就不会还连接在你胳膊上了。

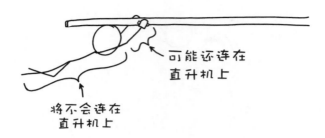

此时直升机的体验并不会比你的体验好多少。螺旋桨不能像正常情况那样启动和加速了，毕竟，你的手感受到了这么大的力，直升机也会如此。螺旋桨被设计为可以应对几吨的张力，但是这种张力是在各个桨叶间保持完美平衡的。如果一个桨叶比其他桨叶承受了更多的力，那它就会把直升机猛地前后拉拽，就像一台不平衡的洗衣机。

给一个桨叶增加仅仅几盎司（1 盎司 ≈ 28 克）的重量就能引起（或抵消）令人不适的强烈振动。在桨叶的末端增加一个人的重量，直升机则会在螺旋桨转得飞快之前自己翻个跟头，然后四分五裂。

想想吧，这也许**真能**成为动作电影里的精彩一幕。你知道那种场景吧？反派角色的直升机正要逃跑，然后主角飞快跑过去，一跃挂到直升机着陆滑橇上。

如果主角真的想阻止反派逃跑……

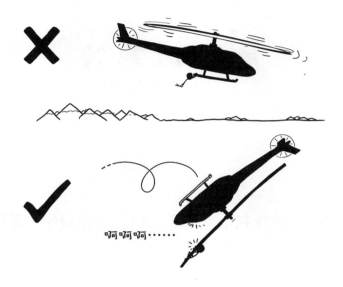

……那他们应该抓得更高一点儿。

3 危险的寒冷
DANGEROUSLY COLD

Q. 站在一个 0 开尔文的巨大物体旁边有什么危险吗?

—— 克里斯托弗

A. 看来你决定要在你的客厅里放一个超级冷的方块。

首先,绝对不要碰它。只要你忍住了摸它的冲动,大概不会立刻受到伤害。

冷的东西和热的东西是不一样的。站在一个热的东西附近，你可能很快被杀死——关于"很快被杀死"，基本上翻到这本书的任意一页都能找到更多信息；但是站在一个冷的东西旁边，你不会立刻被冻住。热的物体发出热辐射使周围物体升温，但是冷的物体不会发出冷辐射，它们只是待在那里。

尽管它们不会发出冷辐射，但热辐射的**缺乏**也会让你觉得冷。你的身体和所有温暖的物体一样，持续散发着热量。幸运的是，你身边的每样东西，比如家具、墙和树，**也会**散发热量，你获得的热量补充了失去的热量。我们通常用华氏度或摄氏度来计量室内的温度，但是把温标设置成开尔文（K）可能会更清楚一些：屋子里大部分东西的绝对热量级差不多都相同，因为它们都是 250 开尔文到 300 开尔文，所以都会辐射热量。

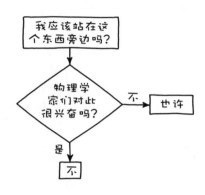

当你站到某些温度比室温低的东西附近时，你在那个方向上损失的热量没有得到任何补充，所以身体的那一侧会更快变冷。从你自己的角度感觉，就像那个东西在散发冷气一样。

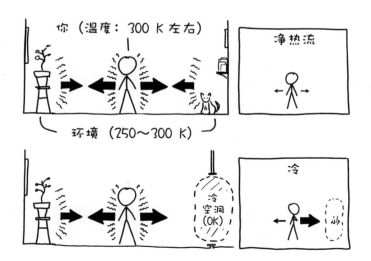

你可以在夏夜里通过看星星来感受这种"冷辐射"。你的脸会感到凉，是因为你身体的热量正在散入太空。如果你举起一把伞挡住天空，就会觉得暖和一点儿，几乎就像伞"阻挡了来自天空的冷气"。这种"冷天空"效应可以把物体温度降到环境空气的温度之下，如果你在晴朗天空下放置一盘水，经过一个晚上，即使气温在冰点以上，水也可能结冰。

来自太空的"冷射线"

尽管气温高于冰点，盘子里的水还是结冰了

站在"大冰块"旁边时，你会觉得冷，但还不是**那么**冷——没有什么问题是一件厚实的冬季外套不能解决的。但是在你跑去搬来一个低温大方块之前，我们需要谈谈空气。

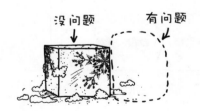

没问题　　有问题

冷物体能凝结空气，让液体氧像露水一样在物体表面聚集。如果它们足够冷，甚至可以让氧气凝成固体。和低温工业设备打交道的工程师必须提防这种氧的集结，因为液氧非常危险，它很有活性，容易引燃易燃物。一个非常冷的物体能让你的房子着起火来。

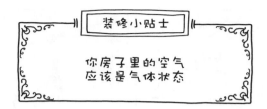

超冷物质的最大危害之一，就是它们并不打算一直保持超冷的状态。当液氮或干冰升温并转化为气体时，它们会**剧烈**膨胀，经常把屋子内的普通空气挤到外面去。一桶液氮变成气体后足够充满一个房间。如果你呼吸氧气，这可是一个坏消息。

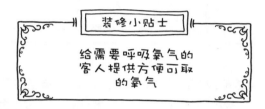

幸运的是，铁在室温下是固体，所以不用担心你的铁块会蒸发，只要避免接触它，防止它表面的氧和任何易燃物接触，然后穿一件冬天的外套，你大概就不会有事了。

>> 所以你决定
不想要一个冰冷铁块

这个铁块需要相当长的一段时间才能变暖，它的低温状态会在那里持续好几天，从房间里吸取热量的同时保持足够低的温度以凝固空气。即使你打开窗户，把炉子烧得很旺，让周围空气尽量温暖，也要花上至少一周的时间才能让这个铁块温度接近室温。

你可以尝试用十几个暖风机加快这个过程，这需要一名电工的帮助，否则你会烧断房子里所有的保险丝，即便如此，也需要几天时间才能把铁块变暖。

如果你想更快解冻铁块，可以试试给它浇水。水会立刻变成冰，你可以把冰切下来丢掉，把一部分水的热量留在铁块内。这大概需要整整几浴缸的水，但是通过这个方法，你可以很快把铁块升温到一个合理的温度。

一旦铁块的温度达到了室温，它就变成了你房子里的另一个物品。希望你喜欢它所在的位置，如果不是这样，相比挪动一个 8 吨重的铁块，可能**你自己**搬家会更容易一些。

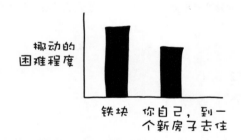

如果你不想搬家，并且仍在寻找办法来弄走这个铁块，则可以尝试一直给它增加热量。

想知道这样做会怎样，那就翻到下一章吧。

4 蒸发铁块
IRONIC VAPORIZATION

Q. 如果有人想办法在地球上蒸发了一个铁块会怎样？

—— 库伯·C

A. 好吧，你决定在你家后院蒸发一块 1 立方米的铁块。

铁可以像其他任何东西一样沸腾和蒸发，但由于它的沸点非常高——大约 3000 ℃，所以日常生活中你很少看到这种现象。

想让水沸腾，你需要把水倒入水壶中，然后加热到 100 ℃。让铁沸腾可就费事了，不然你看水壶是由什么做的呢？大部分金属的熔点低于铁的沸点，所以不能用它们做容器去煮沸铁，因为它们会在铁沸腾之前就熔化掉。

有一些物质在温度略高于铁的沸点时仍保持固态，如钨、钽或碳，但是用它们来装沸腾的铁并不容易。实际上，把铁煮沸的同时让容器的温度保持在熔点以下很困难，而且这其中还牵扯化学问题。从化学角度看，铁是很麻烦的物质，它一旦熔化，就倾向于和容器反应并形成合金。

在现实生活中，当人们想让铁蒸发的时候[1]，一般不把它放到一个热源上。他们要么用电磁场中的感应加热原理，要么用电子束来每次蒸发一点儿。使用电子束的一个优点是你可以用磁场使电子束弯曲，因此真正惊险刺激的事情会发生在精密设备的另一侧。

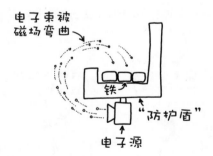

你要确保自己站到设备"防护盾"那一侧，因为铁蒸发的一侧会有许多高能粒子飞出来。事实上，"站在物理过程发生处的另一侧"是使用科学设备的通用好习惯。

---

1 通常用来制作金属镀层，但也许有时候仅仅为了发泄。

只要你造好了蒸发铁的设备，就一定想退后一步，因为蒸发 1 立方米铁需要 600 亿焦耳的能量。如果蒸发铁的过程需要 3 个小时，那么设备散发的热量就相当于你的房子烧起了熊熊烈火。[2]

但问题不是**能不能**这样做，而是这样做的后果是什么。答案非常简单：你的房子和院子着火了，然后消防队来了，所有人都非常生气。

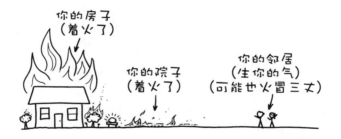

对大气层的影响就更有趣了。你会释放 8 吨重的铁烟尘进入大气层，这会对你周围的环境造成什么影响？

其实这不会对整个大气层产生很大影响，因为空气中已经有很多铁了，其中大部分是风吹来的尘埃。人类的诸多活动，主要是化石燃料的燃烧，也会把许多铁散播到空气中。基于 2009 年娜塔莉·马霍瓦尔德（Natalie Mahowald）等的研究，在你将这 8 吨重的铁方块蒸发进入空气的 3 个小时里，沙漠风暴会把 30 000 吨的铁吹入空气，工厂也会向空气中散布 1000 吨的铁。

---

2 如果你真在自己的房子附近做这个实验，大概会发现它产生的热量足以烧掉两栋房子。

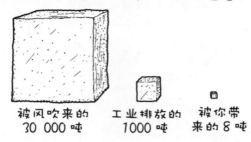

在你研究蒸发铁项目期间，大气中铁含量的增幅

被风吹来的　　工业排放的　　被你带
30 000 吨　　　1000 吨　　　来的 8 吨

8 吨重的铁也许不会影响到地球，但是你的邻居们呢？除了消防车，在你着火房子下风处的人会发现什么？当他们醒来时，会看到所有东西都被镀上了一层金属吗？

哦！天啊，有人给百合花镀了一层铁。

叮当
叮当

为了回答这些问题，我请教了马霍瓦尔德博士。她是 2009 年那项研究的主要参与者，大气金属传播方面的专家。

马霍瓦尔德博士解释，当你释放一团铁蒸气时，铁会迅速与空气中的氧反应，凝结成氧化铁粒子。她说氧化铁粒子并不会对空气质量造成特别的危害，但如果数量达到一定程度，就肯定会损害你的肺。这并不是因为氧化铁具有什么特性，只是因为你的肺是用来呼吸空气的。

肺是用来呼吸空气的。
除此之外，绝大部分东西对你的呼吸没有益处。

最终，氧化铁粒子会在你房子下风处的某个地方沉淀下来，但它们不一定会造成什么严重的问题。"它们大概不会杀死任何东西，"马霍瓦尔德博士说，"在地面上，已经有非常多的铁了。"但是她又补充说，如果铁过多，可能会覆盖植被，就像喷发的火山下风处被覆盖一层火山灰那样。你的邻居大概会非常生气，因为他们不得不去清洗自己的汽车。

马霍瓦尔德博士说，蒸发的铁可能会导致气候变化，它们会吸收少量太阳光并辐射热量。但是大气层中的铁也能帮助减缓气候变化，它们会使海洋更加肥沃，从而促进海藻的生长，后者会吸收大气中的二氧化碳。1988 年，海洋学家约翰·马丁（John Martin）说了一句名言（以他最出色的超级恶棍语调配音）："给我半罐车的铁，我将还你一个冰河时代。"

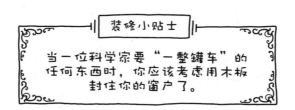

装修小贴士

当一位科学家要"一整罐车"的任何东西时，你应该考虑用木板封住你的窗户了。

马丁博士没有变成一个超级恶棍，也从来没有尝试这个计划，不过该计划的可行性令人怀疑。进一步的研究表明，向海洋中倾倒铁可能不是吸收空气中碳的有效方式，因此那些想要制造冰河时代的超级恶棍**和**想要阻止全球变暖的超级英雄，都会对此感到有点儿失望。

但是如果你真的有一块铁和想要蒸发它的念头，并且很讨厌你的房子、院子和住在你下风处邻居的花园，那么关于你的这个计划，我有一些好消息。

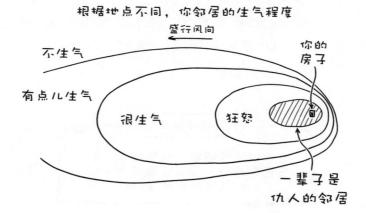

5 宇宙公路旅行
COSMIC ROAD TRIP

Q . 如果宇宙现在停止膨胀，那一个人开车到宇宙的边缘需要多长时间呢？

——山姆·H-H

A . 可观测宇宙的边缘大约在 270 000 000 000 000 000 000 000 英里（1 英里≈1.6 千米）之外。

如果你以 65 英里每小时的速度匀速前进，那将需要 480 000 000 000 000 000 年（4.8×10^{17} 年）到达宇宙边缘，时长是当前宇宙年龄的 3500 万倍。

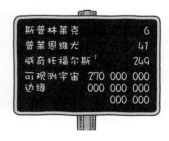

沿途将危险重重。这并不是说太空里有什么危险的东西——我们根本没有担心这个——而是因为开车这件事本身就非常危险。在美国，平均每行驶 1 亿英里，中年司机就会发生一次致命车祸。如果有人在太阳系建设一条高速公路，恐怕大部分司机连小行星带都没法活着通过。习惯在高速公路上开长途的卡车司机比普通司机出事故的概率更低，但他们也不太可能开到木星。

---

1 译注：以上三处均为美国地名。

基于美国的车祸率，一名司机行驶 460 亿光年而不发生事故的概率大概是 $10^{10^{15}}$ 分之一，相当于一只猴子用打字机**连续 50 次**打出整个美国国会图书馆的藏书而且还没有打错字的概率。你应该会想要一辆自动驾驶汽车，或者至少是那种一旦偏离车道就会有自动警报的汽车。

这趟旅程需要很多燃料。如果按每加仑（1 加仑 ≈ 3.8 升）行驶 33 英里计算，你需要一份与月球体积相当的汽油燃料才能到达宇宙边缘。[2] 你将更换机油 3^{19} 次，需要一个北冰洋大小的机油油箱。[3]

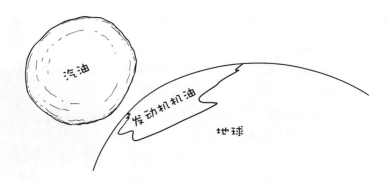

你还需要 10^{17} 吨零食。但愿路上有许多星系际休息区，否则你的后备厢将会爆满。

---

2 截至 2021 年，NASA（美国国家航空航天局）的"新视野号"太空探测器已经飞行大约 50 亿英里，花费约 8.5 亿美元，算下来大概是每英里 17 美分，和汽油以及路上零食的花费差不多。

3 一条古老的建议说，你需要每 3000 英里换一次机油，但大部分汽车专家认为这很荒诞，因为现代汽油发动机可以轻松开上两倍或者三倍于此的距离，再更换机油。

这将是一段漫长的车程，窗外风景也不会有太大变化，在你开出银河系之前，大部分可见的恒星就会燃烧殆尽。如果你试图抵达一颗接近室温的恒星（请在第 63 章看看它们会是什么样），我建议你安排一条经过恒星开普勒 –1606 的路线。它距离我们 2800 光年，因此当你在 300 亿年后经过那里时，它就会冷却到舒适的室温了。它现在还有一颗行星，不过当你到那儿的时候，它大概已经把那颗行星吞噬掉了。

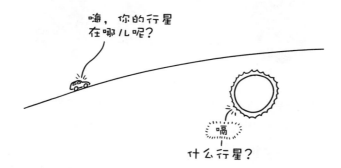

一旦恒星耗尽燃料，你就必须找一个新的娱乐来源。即使你带了世界上全部有声书和每一档播客节目的每一集，也不够你消遣到太阳系边缘。

罗宾·邓巴（Robin Dunbar）曾提出了一个著名观点，即人类平均可维持的社交关系数量约为 150 个。地球上曾经生活的人类大约超过 1000 亿，一次 10^{17} 年的公路旅行足够按实际时间重播这 1000 亿人每一个人的一生——那种未经剪辑的纪录片，

并且反复观看这些纪录片 150 遍，每一次都搭配 150 个人中最了解主题的那个人的评论音轨。

直到你看完这部完整的人类纪录片，这趟去往宇宙边缘的路程也才完成了不到 1%，所以你有充足的时间回看这些纪录片——每个人的一生配上 150 个评论音轨，在你到达目的地前可以看 100 遍。

一旦你抵达可观测宇宙的边缘，你就要再花上 4.8×10^{17} 年的时间开回家，但那时已经没有地球可供你回来了，剩下的只有黑洞和冰冷的恒星残渣，你不妨继续前进。

据我们所知，可观测宇宙的边缘并不是真实宇宙的边缘，那里仅仅是我们能看到的最远的地方，因为没有更多的时间让光从更远的空间到达我们这里了。没有理由想象空间本身会在某个点结束，但是我们不知道时空能走多远，它也许就永远延续下去。可观测宇宙的边缘并不是空间的边缘，但它是地图的边缘，当你跨过去之后，不知道会发现什么。

记住一定要多带些额外的零食。

6 鸽 子 飞 椅
PIGEON CHAIR

Q. 把一个体重平均水平的人和一把发射椅子托举到澳大利亚 Q1 摩天大楼[1] 的高度，需要多少只鸽子？

——尼克·埃文斯

A. 信不信由你，科学可以回答这个问题。

---

1 译注：Q1 全称为"昆士兰第一楼"（Queensland Number One），位于澳大利亚昆士兰黄金海岸旅游观光的中心地带。

2013 年的一项研究中，由南京航空航天大学刘婷婷负责的研究团队让鸽子穿戴负重背带，同时训练它们飞回栖巢。他们发现，每只鸽子平均可携带 124 克负重起飞并向上飞翔，这个重量大概是其自重的 25%。

研究人员确信，相比把负重挂在鸽子背上，把负重放在其身下可以让它们飞得更好。所以你应该让鸽子从上方吊起你的椅子，而不是从下方托起来。

假设你的椅子和吊绳重 5 千克，你自己重 65 千克，如果采用 2013 年研究中的鸽子，那么需要大约 600 只鸽子才能吊着椅子飞起来。

不幸的是，负载飞行是很费力的。在 2013 年的研究中，鸽子可以负载飞到 1.4 米的栖巢中，这个高度大概是极限了。即使没有负重，鸽子也只能维持几秒钟的奋力垂直飞行。1965 年的一项研究测量出无负重鸽子的飞升速度是 2.5 米每秒，[2] 因此即使我们保持乐观，鸽子也不太可能把你的椅子吊起到 5 米以上。[3]

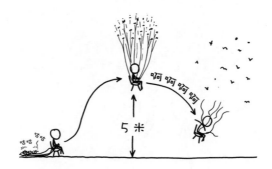

---

2 以下是 1965 年研究者 C. J. 彭尼奎克（C. J. Pennycuick）和 G. A. 帕克（G. A. Parker）对测量鸽子垂直飞行速度方法的描述："驯养的鸽子是在实验室的平房顶上的开放环境中，在一个 107 厘米高的角落用手喂养的。房顶周围环绕着高墙，一架电影摄像机安放在与墙顶平齐的位置，指向这个角落。摄像机启动后，一名志愿者猛冲向鸽子群，迫使它们以近乎垂直的方式飞起，以便越过这面墙。"我喜欢描述测量方法的那些段落。
3 根据安吉拉·M. 伯格（Angela M. Berg）等在 2010 年的一项研究，鸽子起飞加速度力量的约 25% 来自脚蹬地的力。由于它们起飞时脚会踢到负载物，翅膀就需要做更多的工作，这使得我们估计的情况更显乐观了。

你可能不把这个问题当回事。如果 600 只鸽子能把你拉起到第一个 5 米高，那么只需要再带上 600 只鸽子就可以了，像二级火箭那样，第一群鸽子飞累了，第二群鸽子可以再带你飞向下一个 5 米，再带上另外 600 只鸽子飞到下一个 5 米，以此类推。Q1 大楼高 322 米，大概 40 000 只鸽子就可以把你带到顶层，对吗？

不，这个方法有个问题。

由于 1 只鸽子只能吊起它体重四分之一的重量，所以需要 4 只鸽子来吊起一只不用飞的鸽子。这意味着每一"级"需要至少 4 倍于下一级数量的鸽子。吊起一个人大概只需要 600 只鸽子，但是吊起一个人**和**另外 600 只待命的鸽子则需要额外 3000 只鸽子。

这种指数级增长意味着，这样一个能把你吊到 45 米高的运载工具分成 9 级，一共需要接近 3 亿只鸽子，约等于地球鸽子的总量。到达高度中点处需要 1.6×10^{25} 只鸽子，重达 8×10^{24} 千克——比地球还重。那时鸽子们将不会被地球的引力拉下去，而是地球会被鸽子的引力拉上来。

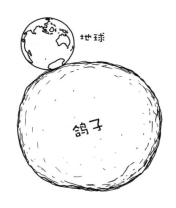

能触及 Q1 顶层的运载系统需要整整 65 级，重量达到 3.5×10^{46} 千克，此时鸽子的总重量不仅会超过地球，而且也会超过银河系。

一个更好的办法是不带那么多鸽子。毕竟鸽子自己也能飞到摩天大楼的顶层，你可以提前把它们送到相应的位置等候，省得让其他鸽子载着它们。如果你好好训练鸽子，就能让它们在适当的高度滑翔，然后在那里抓住你，把你向上拉几秒钟。请牢记，鸽子不能用脚爪抓取和携带东西，所以它们需要一条背带并配上航母舰载机上那种尾钩来抓住你。

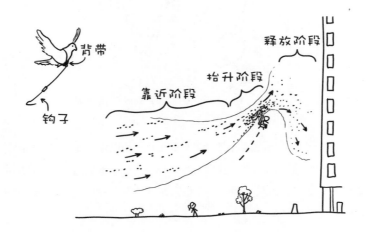

这样一来，你就有可能仅用几万只训练有素的鸽子飞到塔顶，不过你应该确保自己准备了某种安全系统，以防猎鹰飞来吓跑你的鸽子时，你不会掉下去摔死。

这个飞行器不仅比电梯更危险，而且更难挑选目的地。你本来计划飞到 Q1 大楼的顶端，但是一旦起飞……

……你的航线将会被任何一个背着种子的人控制。

快 问 快 答 （ 一 ）

SHORT ANSWERS #1

Q. 如果你的血液变成液态铀会怎样？你会死于辐射、缺氧或其他原因吗？

——托马斯·查塔维

A.

你将死于我们医学专业上所说的"没有任何血液和全是熔化状态铀综合征"，
或者简称"杰夫病"。
唉，可怜的杰夫。

Q. 人们能像动画片里那样，从空气中制造一把剑来发起攻击吗？我不是说空气刀片，而是用某种方法把空气冷却到足够低，然后用固体空气来攻击人。

——来自曼哈顿的艾玛

A. 没问题。你可以做到，但是你需要整整一屋子的空气。

关于固态氧的研究表明，它的机械特性类似于柔软的塑料，越冷越硬。所以如果你用氧做一把剑，它可能不会很有杀伤力，你很难把它打磨锋利，并且你的手很快会因此冻伤。氮的熔点稍微高一些，但也不会好到哪里去。不过，你确实可以这样做。

这把空气剑由山中精灵锻造。
氧之剑刃使它格外脆弱柔软，而且它透
过烤箱手套冻坏了我的手。

我们真的需要找些更靠谱
的精灵来铸剑了。

哎哟，它要升华了，
赶紧把它扔了。

Q. 你需要喝多少水才能达到含水量 99% 的状态？

—— 莱亚西

A.

$$\frac{\text{新摄入的水}+\text{身体里的水}}{\text{身体里不是水的部分}}=\frac{99}{1}$$

$$\text{新摄入的水}=\frac{99}{1}\times(\text{不是水的部分})-\text{水}$$

$$=\frac{99}{1}\times\left(1-\frac{70}{100}\right)\times65\text{升}-\frac{70}{100}\times65\text{升}$$

$$=29\times65\text{升}$$

$$\approx1900\text{升}\approx500\text{ 加仑}$$

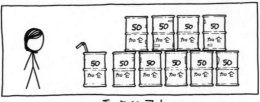

看你的了！

Q. 如果我们在气球上装一个轻型相机，然后让它飞走，我们将会看到什么？

—— 雷蒙德·彭

A.

Q. 马里奥每天燃烧多少卡路里？

—— 丹尼和塞维尔·赫夫利

A.

《超级马里奥兄弟》中的蘑菇数量：56
一个中等大小蘑菇的卡路里：5
全部可获得的卡路里：280
《超级马里奥兄弟》的发行日期：1985 年 9 月 13 日
下一个有蘑菇道具的马里奥游戏发行日期：1986 年 6 月 3 日
中间间隔：263 天
每天的卡路里：(1.1)

> **结论**
> 1985 年年末，
> 马里奥饿死了

Q. 如果一条下巴脱臼的蛇吞下一只气球，那气球能把蛇带起来吗？

—— 福利扎库

A.

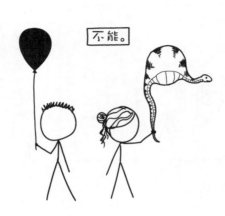

Q. 如果你带着跳伞装备，从一架飞行速度为 880 980 马赫（马赫数 1 即 1 倍声速，根据声音传播的介质不同而有所差别）、距离纽约市地面 10 万英尺（1 英尺 =0.304 8 米）高的飞机上跳下来，你能活下来吗？

—— 杰克·卡腾

Q. 如果地球上没有水，我们能活下去吗？

—— 卡伦

A. 这两种情形下，人都是不能存活的。

情形	生存概率
相对论高空跳伞	0.0%
地球上没有水	0.0%

Q. 是否可能自制一套喷气背包设备?

—— 艾兹哈利 · 扎迪尔

A. 制作一套一次性喷气背包设备很容易,而制造能使用两次或多次的就困难得多了。

相对容易

困难许多

Q. 我很好奇是否有什么方法可以把我的电焊机当成电击除颤器使用?(我的电焊机具体型号是 Impax IM-ARC140 电弧焊机。)

—— 卢卡斯 · 加拉伯斯基,兰开斯特,英国

A. 绝对不要将你的电弧焊机当作除颤器使用，而且看到你的问题之后，老实说我觉得你也不应该被允许把它当电弧焊机使用。

Q. 如果地球上所有原子都膨胀到葡萄大小会怎样？人类还能存活吗？

—— 贾斯伯

A. 我不太确定如何用科学回答这个问题，但是我是真的想吃点儿葡萄。

7 霸王龙的卡路里
T. REX CALORIES

Q. 如果在纽约放生一只霸王龙，那它每天需要吃多少人来满足自己的能量摄入？

——T. 施密茨

A. 大约半个成年人，或者一个十岁小孩。

周日	周一	周二	周三	周四	周五	周六

该死，我昨天忘了吃了，今天可以加倍吗？

霸王龙的体重和大象差不多。[1]

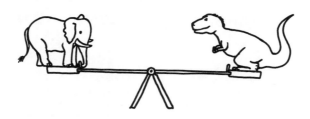

---

1 这多少让我有点儿困惑。在我的印象中，大象和轿车或卡车差不多大，而霸王龙大到可以踩扁一辆小汽车，就像电影《侏罗纪公园》中那样。但是我上网搜索了"大象＋小汽车"的图片后发现，缓缓逼近小汽车的大象和《侏罗纪公园》里的霸王龙没什么区别。好吧，我现在也有点儿害怕大象了。

没人能完全确定恐龙的新陈代谢是怎样的，但关于霸王龙每天吃多少热量的食物，最佳猜测是大约 40 000 卡路里（指千卡，后同）。

如果我们假设恐龙的新陈代谢和今天的哺乳动物相似，那它们每天就要摄入超过 40 000 卡路里的食物。但是当前的认知是，虽然恐龙比现代的蛇和蜥蜴更加活跃（姑且认为恐龙是"温血"动物），但比起大象和老虎，大型恐龙的新陈代谢可能更接近科莫多巨蜥。[2]

下一步，我们需要知道一个人相当于多少卡路里。这个数字由"恐龙漫画"的作者赖安·诺斯提供，他设计了一件人体营养水平等级的 T 恤衫，上面显示一个 80 千克的人相当于 11 万卡路里能量，所以一只霸王龙大约需要每两天吃一个人。[3]

2018 年，纽约市有 11.5 万人出生，可以养活 350 只霸王龙。然而，这里忽略了外来移民——以及更重要的，在放养霸王龙的情况下可能会增长的**迁出人口**。

全球有 39 000 家麦当劳餐厅，每年卖出约 180 亿个汉堡[4]，平均下来每天每家餐厅大约卖出 1250 个汉堡。这 1250 个汉堡含有约 60 万卡路里，这意味着每只霸王龙可能只需要 80 个汉堡就能存活，那么一家麦当劳餐厅仅靠汉堡就能养活至少 12 只霸王龙。

---

2 我们确信对大型蜥脚类恐龙来说是这样，因为如果它们的新陈代谢和哺乳动物一样，那它们就会过热。然而对于尺寸和霸王龙类似的恐龙来说还有很多不确定性。

3 霸王龙可能喜欢在一顿饭中进食几天甚至几周的食物，所以如果条件允许，它可能一次性吃掉一群人，然后一段时间内不再进食。

4 20 世纪 90 年代中期，麦当劳停止了在"M"字招牌上更新"已卖出 ×× 亿"的数字，所以这仅仅是个粗略的猜测。

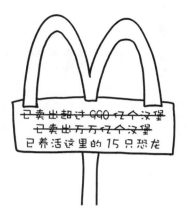

如果你住在纽约，并看见了一只霸王龙，请不要害怕，你不需要牺牲一位朋友来喂恐龙，就订 80 个汉堡吧。

即使之后霸王龙去吃你的朋友了，你至少还拥有 80 个汉堡。

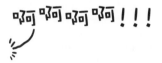

或许你这位"朋友"只是个熟人罢了。

8 热水喷泉
GEYSER

Q. 如果一个人站在黄石国家公园的老忠实喷泉[1]之上，那会被水以多快的速度冲飞起来，又会受什么伤？

—— 凯瑟琳·麦克格雷斯

A. 你不会是第一个被老忠实喷泉严重烫伤的人，但你可能是第一个因此而死去的人。

在《黄石公园死亡案件》（*Death in Yellowstone*）一书中，公园历史学家李·H. 维特利斯编纂了黄石公园的致命事故和意外事件编年史，其中没有提到任何老忠实喷泉造成死亡的案例。人们经常被喷出的物质烫伤，1901 年一名德国外科医生在掉入喷泉口后活了下来，但没有因喷发而造成死亡的详细记录。

---

1 译注：Old Faithful geyser，美国著名的间歇泉，因始终如一地不竭喷发高温泉水而得名。

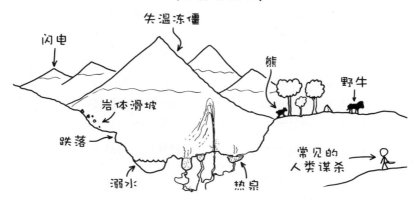

虽然这本书未提及泉水本身造成的任何死亡事故，但它讲述了泉水附近发生的数量惊人的事故。通常，沸水池塘在地热活跃区会被一层薄而易碎的矿物质地壳覆盖，在热喷泉附近行走的人们时常会踩碎地壳、坠向死亡。[2]

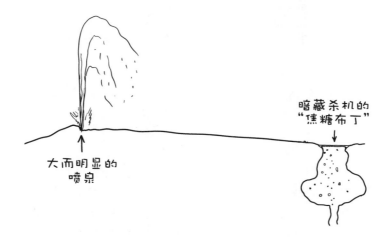

_____

2 在 1905 年的一次事故中，不幸的受害者掉进去时正在泉边拿着笔记本做笔记，我在讲述这一段时非常不舒服，因为我非常肯定我的下场也会是这样。

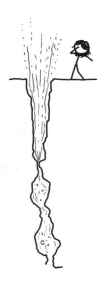

　　如果你真的成功抵达泉眼并在喷发时站在上面，这种体验可不是闹着玩的。当老忠实间歇泉喷发时，每秒大约会喷出半吨水。泉眼涌出的喷射物是水滴、空气和蒸汽的混合物，其密度相当于一袋棉球。喷射物的速度很快，从地表喷出的一刹那大约可以达到 70 米每秒，所携带的蒸汽动量就相当于高速公路上的小汽车。

　　间歇泉有点儿像一个倒置的火箭。如果你以计算火箭发动机推力的方式来计算老忠实间歇泉的喷射力，那用质量流的速率乘以它的速度，就能得到几千磅的力，和战斗机弹射座椅的推力差不多。计算结果清楚地告诉我们，间歇泉喷发的威力显然足够把一个人发射到高空。

　　你被发射的速度和飞行高度将很大程度取决于喷泉具体如何击中你。喷射物的擦身一击可能仅会把你撞到一边，而如果你直接站在泉眼中心，奋力挡住喷出的水流，你就能被喷得更高一些。如果你拿着一把非常坚固的伞，理论上你能把自己发射到几百英尺高的地方，甚至比泉水本身还高。即使能承受住严重的烫伤，着陆对你来说也几乎是致命的。

　　被黄石公园的间歇泉烫伤的人数非常惊人。20 世纪 20 年代，大约每年有一个人被老忠实喷泉烫伤。不同于那些掉落沸水池塘的人，被喷泉烫伤的人通常不只是那些无意间走到危险地带的人，他们中的大部分都曾弯下身子，试图往喷泉的泉眼看去。

我想我们需要在这个列表里再加一项。

你不应该做的事情
（总计？？？的第 3647 部分）

#156 812 吃汰渍洗衣球

#156 813 在雷雨天气中踩高跷

#156 814 在加油站燃放烟火

#156 815 给你的猫喂完全和人手一样形状
和材质的零食

#156 816 （新增！）在间歇泉的泉眼上方弯
下身子朝下看

9 哔哔哔
PEW PEW PEW

Q.

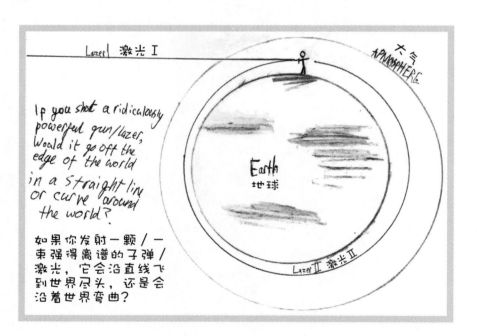

If you shot a ridiculously powerful gun/laser, would it go off the edge of the world in a straight line or curve around the world?

如果你发射一颗/一束强得离谱的子弹/激光，它会沿直线飞到世界尽头，还是会沿着世界弯曲？

激光 I Lazer I
大气 ATMOSPHERE
Earth 地球
Lazer II 激光 II

——梅勒，11岁

A. 第一段轨迹是正确的，这束激光会一直飞，飞出地球边界进入太空！大概吧。

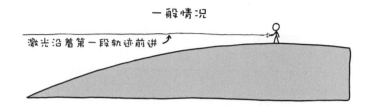

在极少数情况下，激光**不会**飞出地球的边缘。如果你在大热天站在海边，在合适的时间和地点，你能看到激光开始沿着第二条轨迹走。

激光在大气层中不会沿着完美的直线前进，空气会让其变慢。空气密度越大，光线就变得越慢。当一侧空气让光线变慢的程度比另一侧更高时，光线就会朝着更慢一侧的方向弯曲。

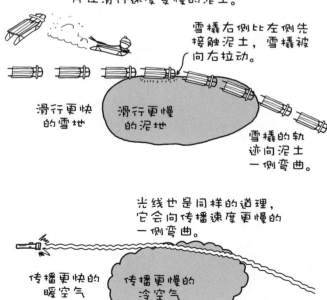

在大气的大部分区域，光线会略微向下弯曲，因为下层空气的密度大于上层空气。[1]

在地表附近，你经常会发现温度相差很大的空气层聚集在一起。在晴朗炎热的日子里，地面会变得很热，这也使地表附近的空气变热。因此，当你看向停车场时，有时会看到和水面一样波光粼粼的"幻象"。这种幻象是天空的倒影，来自天空的光传播到地表后反射进入你的眼睛，因此它看上去像是来自地面。

如果你用激光瞄准那一片"水"，光线会被弯曲并飞向天空。

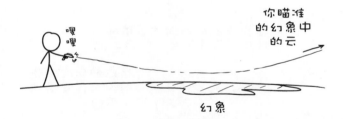

如果你想让激光弯曲到不会飞入太空的程度，那就需要找到一个近地面空气比上方空气更冷的地方。会发生这种情况的其中一个地方是海洋上方：当热空气拂过冰冷的海水，海洋就给靠近水面的空气降温，这正与"停车场幻象"相反，光线在冷空气中传播时向下弯曲，有时候幅度会很大。

1 大气层也会使太阳光弯曲。日出前后，你能看见太阳时，太阳实际上仍在地平线下面一点点。是大气层弯曲了太阳光，你才早一点儿看到了太阳。如果没有大气层，你不会在那个时刻看到太阳。

当你望向水面时，有时你会看到水面上方"飘浮"着陆地和水，这是因为光线古怪的传播路径。这些悬浮在地平线上波光摇动的陆地和建筑物被称为海市蜃楼（Fata Morgana）[2]，因为人们认为它很像摩根勒菲用巫术创造的空中城堡。

如果你想向海市蜃楼发射一束激光，就直接瞄准它吧。它不是真的在那里，但是激光走过的路径与光线到达你眼睛的路径相同。飘浮在空中的东西是幻象，但幻象由光线产生，因此如果你曾面对某种可怕的幻影，记住这个便利的光学法则：只要你能看见它，就能用一束激光射中它。

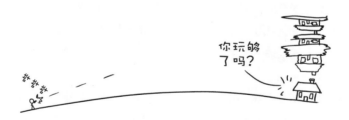

2　译注：源于意大利语，取自英国亚瑟王传说故事中的女巫摩根勒菲（Morgan le Fay），据说她是亚瑟王的姐妹。

10 读 遍 所 有 书
READING EVERY BOOK

Q. 在人类历史的哪一个阶段，（英文）书多到一个人一生都无法全都读完？

—— 格雷格利·威尔莫特

A. 这是一个很复杂的问题。准确计算历史上不同时期存世的书籍非常困难，几乎是不可能的。例如，亚历山大图书馆被烧毁，损失了很多著作[1]，但是**究竟有多少**作品被毁很难确定。有些估值从 40 000 本到 532 800 卷不等，也有人认为这些数据无论从哪方面看都不可信。

研究人员埃尔乔·布林（Eltjo Buringh）和扬·陆腾·范桑丁（Jan Luiten van Zanden）使用过往的书籍目录综合统计每年每个地区书籍（或手抄本）的出版数量。根据他们的图表，不列颠群岛的手抄本出版速度在 1075 年时可能达到每天一部以上。

1075 年出版的大多数手抄本不是英文，甚至不是当时常用的英文变体。1075 年，大不列颠的文学作品通常是以某种形式的拉丁文或法语撰写的，即使在街上人们普遍讲古英语的某些地区也是如此。

包括《坎特伯雷故事集》（写于 14 世纪晚期）在内的种种故事集都是方言英语

1　往另一方面想，许多埃及读者大概非常高兴，因为他们不用付超期归还图书的罚款了。

向一种文学语言转变趋势的一部分。虽然严格意义上它们是用英语写的，但对于现代人来说，它们并不可读：

> "Wepyng and waylyng, care and oother sorwe
> I knowe ynogh, on even and a-morwe,"
> Quod the Marchant, "and so doon other mo
> That wedded been."

　　（如果我上九年级时的英语老师正在读这篇文章，不要着急，我只是在开玩笑。我完全明白上面那段话的意思。）

　　即使我们知道每年出版多少手抄本，但为了回答格雷格利的问题，我们还需要知道读完一部手抄本需要花多少时间。

　　与其尝试搞清楚失落的书籍和法典的名单有多长，我们不如后退一步，用更长远的眼光看问题。

>> 写作速度

　　托尔金用 11 年时间创作了《魔戒》，这意味着他每天平均写 125 个单词，或者每分钟写 0.085 个单词。哈珀·李完成 10 万词的《杀死一只知更鸟》用了两年半，平均每天写 100 个单词，或者每分钟写 0.075 个单词。《杀死一只知更鸟》是她出版的唯一一本书，因此她一生的平均写作速度是每分钟 0.002 个单词，或者每天 3 个单词。

　　有些作家的写作速度更快。作家科林·特利亚多在 20 世纪晚期出版了几千本浪漫小说，每周都向出版商提交一本书稿。在职业生涯的大部分时间里，她每年发表的文章远超 100 万词，平均下来她一生中每分钟发表 2 个单词。

　　可以合理假设，历史书的作者的写作速度也大致相同。你大概会说，在键盘上打字的速度至少是手写的 2 倍，但是打字速度并不是作家们的"瓶颈"，毕竟以每分钟 70 个单词的打字速度打完《杀死一只知更鸟》，应该只需要 24 小时。

打字和写作速度差异巨大，因为写作的速度取决于我们的大脑组织、创作和编辑故事的速度。在时间的推移中，这种"讲故事的速度"的变化可能比我们的实际写作速度的变化小得多。

这就提供给我们一个更好的方式，估算什么时候书籍的数量多到一个人穷其一生也无法读完。如果在世的创作者一生的平均写作速度介于哈珀·李和科林·特利亚多之间，那他们一生大概每分钟创作 0.05 个单词。

人的平均阅读速度是每分钟 200 到 300 个单词，如果你每分钟阅读 300 个单词，每天读 16 小时，你的阅读速度就能赶得上一个人口中平均有 100 000 个哈珀·李或者 200 个科林·特利亚多的世界中图书的产出速度。

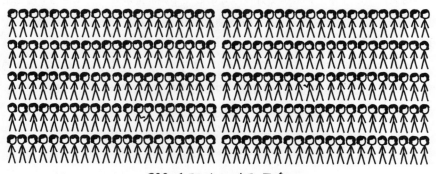

200 个科林·特利亚多

如果我们将这些作者在创作活跃时期的写作速度估算为每分钟 0.1 到 1 个单词，那么一个专注读者就能够跟上 500 到 1000 位活跃作者的产出。对于格雷格利这个问题（在什么时候有一辈子也读不完的英文书）的回答，将是活跃的英文作者达到几百人之前的某个时刻。在那个时间点上，读书人跟上写书人的速度变得不可能了。

根据《种子》（*Seed*）杂志估计，创作者的数量在公元 1500 年前后达到了这一点，之后一直快速增长。活跃的英文作者数量在那之后很快也超过了这个阈值，大约是在莎士比亚的时代，英文书籍的总数在 16 世纪晚期的某个时候超过了人一辈子能读完的极限。

话说回来，这些书中又有多少是你想读的呢？如果打开 Goodreads 网站随机选书的页面（goodreads.com/book/random），你会看到人们正在阅读书籍的半随机样本。这里是我看到的：

- 《全球化治理下的学校分权：基层响应的国际比较》（*School Decentralization in the Context of Globalizing Governance: International Comparison of Grassroots Responses*），霍尔格·多恩（Holger Daun）
- 《波沃拉尼：龙之纪元 2》（*Powołanie: Dragon Age #2*），大卫·盖伊德（David Gaider）
- 《植物分析导论：原理、实践和解释》（*An Introduction to Vegetation Analysis: Principles, Practice and Interpretation*），大卫·R. 考斯顿（David R. Causton）
- 《AACN 病危护理要素手册》（*AACN Essentials of Critical-Care Nursing Pocket Handbook*），玛丽安·查雷（Marianne Chulay）
- 《国家正义与国家过失：在南塞伦长老会教堂演讲的本质》（*National Righteousness and National Sin: The Substance of a Discourse Delivered in the Presbyterian Church of South Salem*），亚伦·拉德纳·林斯利（Aaron Ladner Lindsley），韦斯切斯特出版社，纽约，1856 年 11 月 20 日
- 《礼堂幻影》（*Phantom of the Auditorium*）（"鸡皮疙瘩"系列），R. L. 斯泰恩（R. L. Stine）
- 《高等法院 153 号；针对沃伦的债务人和债权人的案例总结》（*High*

Court #153; Case Summaries on Debtors and Creditors–Keyed to Warren），黛娜·L. 布拉特（Dana L. Blatt）

- 《突然没时间了》（Suddenly No More Time），埃米尔·佳沃卢克（Emil Gaverluk）

迄今为止，我只读了……"鸡皮疙瘩"系列那本书。

为了熬过接下来的日子，我大概需要一些帮助。

那 些 古 怪 又 让 人
忧 心 的 问 题 （ 一 ）

WEIRD & WORRYING #1

Q. 蜜蜂或其他动物会下地狱吗？或者，它们能杀害其他蜜蜂而不承担任何后果吗？

——萨迪·金

别西卜[1]

Q. 需要多少面镜子反射（太阳）光才能杀死或至少伤害到人？

——伊莱·科林奇

魔镜魔镜挂墙上，我想请你帮个忙。

Q. 如果你必须给一个巨人做扁桃体摘除手术，最安全的方法是什么？外科医生是正常人大小。

——迪尔扎，10 岁

嗨，我是一个普通人！ 我……认为你不是。

Q. 如何用一架无人机打败"空军一号"？

——匿名

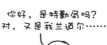
你好，是特勤局吗？对，又是我兰道尔……

---

1 译注：别西卜（Beelzebub），是新约《圣经》中提到的魔王，据说形象是巨大的苍蝇，这一词中的"bee"又有"蜜蜂"的意思。

11 香蕉教堂
BANANA CHURCH

Q. 能将世界上所有的香蕉放到世界上所有的教堂里吗？我的朋友们争论这个问题超过 10 年了。

—— 乔纳斯

A. 能。

我们知道所有香蕉能够被塞进去的一个简单理由是：世界上的人大概都能挤进世界上用于进行宗教仪式的场所，而人们每年吃掉的香蕉一般不会超过自己的体重。

根据 2017 年皮尤研究中心对宗教仪式的调查[1]，全世界不到 30% 的人会每周参加他们所信奉宗教的传统仪式，如果把这些仪式的举行地统称为"教堂"的话，那么

---

1 对他们的调查没有覆盖到的国家补充了一些猜测。

这些教堂至少能容纳 20 亿人口。

教堂和教室之类建筑物的人均占地面积通常为 5 至 25 平方英尺（1 平方英尺 ≈ 0.09 平方米），假设平均每人占地 15 平方英尺，大部分人只参加一个教堂活动，那么这些仪式场所在地球表面上总共占约 1000 平方英里（1 平方英里 ≈ 2.59 平方千米）面积。

我们先假设能收集到的一整年香蕉供应量约为 1.2 亿吨，装箱后香蕉的密度大约是每立方米 300 千克。为了看看它们能把全世界的教堂填得多满，我们可以用它们的总体积除以刚刚估计的 1000 平方英里：

$$\frac{1.2 \text{ 亿吨}}{16 \text{ 千克} \div (10 \text{ 英寸} \times 16 \text{ 英寸} \times 20 \text{ 英寸})} \div 1000 \text{ 平方英里} = 6 \text{ 英寸}$$

结果告诉我们，一年的香蕉供应量只能在教堂中铺到一个人的脚踝这么高。

香蕉的高度甚至会比这更低，因为一年的香蕉供应量不会出现在某个具体时刻，毕竟香蕉花需要几个月的时间才能从一根手指大小的果实长到完全成熟且可食用的状态……

---

2 编注：本书地图系原书插图。

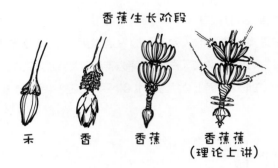

香蕉生长阶段

禾　　香　　香蕉　　香蕉蕉
（理论上讲）

　　因此在任何时刻，现存的香蕉数量都只是年产量的一部分，这样铺在教堂里的香蕉高度就更低了。

　　即使香蕉数据是错的，答案也大体正确。倒推数据，我们可以算一下需要多少香蕉才能填满全世界的教堂，然后看看这个数量是否符合现实。

　　如果每 4 个人中有一人定期去室内参加宗教活动，且那个建筑物为每个人准备了 15 平方英尺的空间，那么平均来说，大约地球上每个人有 4 平方英尺的空间（包括那些不参与宗教活动的）。如果世界上有足够多的香蕉填满所有教堂，这意味着全球香蕉产量分配到每个人身上将会是 2 英尺乘 2 英尺再乘以教堂的平均高度所得到的体积。

每个人必须吃
这个体量的香蕉
才能支持这个结论。

　　许多宗教建筑以高高的天花板闻名，即使假设它们的平均高度大约是比较矮的 8 英尺，填满上述单人空间也将需要大约 2000 根香蕉。我非常肯定，这个世界不能每年为每个人生产 2000 根香蕉，理由很简单：我自己不会每天吃 6 根香蕉，也没听说过有人会这样吃。

　　除非有人吃掉的香蕉数量远远超过全球人民的平均数量。

"香蕉奥格尔"住在
山上，每年吃掉 17 万
亿根香蕉，这是一个
异常数据，不应该被
统计进来。

12 接 住 !

CATCH!

Q. 有什么方法可以让人在空中安全地徒手接住子弹
呢？例如，开枪的人站在海面，而接子弹的人站在子弹
射程最远处的山顶。

—— 埃德蒙·辉，伦敦

....

A. "徒手接子弹"是一种舞台把戏，表演者似乎接住了飞行中的子弹——经常
是用牙齿。当然，这是一种假象，子弹不可能被这样接住。

但是在合适的条件下，你可以接住一发子弹，这需要很大的耐心和运气。

一发垂直向上打出的子弹最终将达到一个最高点[1]，它不会完全停住，更可能会以
几米每秒的速度斜向飘移，如果有人向上开枪……

---

1 不要这样做。在人们向天上鸣枪庆祝的街区，旁观者经常死于落下的子弹。

……而你正在一只热气球里，位于开火区的正上方。

……**有可能**你可以探出身体，在子弹飞行到顶点时抓住它。

你不应该做的事情
（更新列表）

\#156 812 吃汰渍洗衣球
\#156 813 在雷雨天气中踩高跷
\#156 814 在加油站燃放烟火
\#156 815 给你的猫喂和人手完全一样形
        状和材质的零食
\#156 816 在间歇泉的泉眼上方弯下身子
        朝下看
\#156 817 （新增！）乘坐热气球飞到一把
        枪的射程范围内

如果你成功在一颗子弹到达发射轨迹的弧顶时抓住了它，你大概会注意到一些奇怪的事情：除了特别热之外，子弹还在自转。虽然没有了向上的动量，但它的转动惯量还在，被射出时枪管给它的自转还保留着。

当子弹射向冰面时，这种现象就非常明显了。许多 YouTube 视频证实，已经射入冰中的子弹往往仍在快速旋转。所以你必须紧紧抓住子弹，否则它会从你的手里跳出去。

如果没有热气球，或许你可以试试爬到山顶完成这项研究。加拿大的托尔山[2] 有一个垂直落差 1250 米的悬崖，根据弹道实验公司"近距离聚焦"（Close Focus Research）的数据，这几乎是 0.22 英寸口径长步枪子弹垂直向上发射能达到的高度。

2　我们之前在《那些古怪又让人忧心的问题》中"自由落体"这一章节中提过这点。

如果你想用更大的子弹，那就需要更大的落差。一颗 AK-47 的子弹垂直向上射出的距离能超过 2 千米。地球上没有这么高的垂直悬崖，所以你需要以一定角度开枪，这样子弹在到达轨迹弧线顶点时还有一个横向的速度，一个合适而结实的棒球手套就能够帮你抓住它。[3]

无论是哪一种情况，你都必须非常走运。由于子弹弧线轨迹的不确定性，大概需要发射几千发子弹才能碰到一次恰好抓住的机会。

到那时你大概已经被盯上了。

这位女士，新闻报道说你朝着一个热气球开枪。

那个巫师逃不掉的！他必须回到奥兹国并为他的谎言付出代价！

---

3 事实上，《步枪》杂志上曾有一位枪支作家声称自己能在相距 1 千码（1 码≈0.91 米）处用棒球手套抓住一颗普通步枪子弹。他当然是象征性地一提——你看不到子弹飞过来，所以你用脸和用手套接住子弹的可能性是一样的。

13 缓慢且困难到超出想象的减肥方法

LOSE WEIGHT THE SLOW AND INCREDIBLY DIFFICULT WAY

Q. 我想减重 20 磅，为了实现这个目标，我需要把地球上的多少质量"扔"到太空？

—— 赖安·墨菲，新泽西

....

A. 这个问题看起来非常简单。你的体重来自地球把你向下拉的引力，地球的引力来自它的质量，更少的质量应该意味着更小的引力，因此减少地球的质量，你就会"减肥"。

你决定这样试一试。

从地球上移走许多质量将耗费大量能量，所以首先你要夺取整个地球的石油储备。

你把石油加工成燃料，然后用它们发射几千亿吨岩石到空间轨道上，这能让地球表面的岩石平均降低 0.2 毫米。你跳到秤上。

好吧，这不管用，但讲得通；几千亿吨只占地球质量非常小的一部分。

燃烧地球上的其他化石燃料也能起到一点儿作用，特别是煤，它的存量非常多，能让你把地球的表面去掉 1 毫米。[1] 你又跳到秤上。

该死。

需要更多能源。

---

1 人们大概会抱怨，但是好的一方面是，那 1 毫米大概包含地板上所有的污垢和灰尘，也许你能忽悠大家这是免费清洁。

你把整个星球表面都铺上高效的太阳能电池板，然后花一年时间吸收照到地球上的太阳光，并用这些能量来发射火箭。人类只能生活在这些太阳能板的阴影下，关于这一点大家应该对你非常生气。

一年收集的太阳能大概能让你把 100 万亿吨岩石扔到太空上去，大概是地球表面几英寸厚。遗憾的是，这还不够。

显然，这种增量方法行不通。

你需要更多能量，与其只收集照到地球上的一小部分太阳能，不如建造一个巨大的能量收集器，完全包住太阳并收集它的所有能量——一个戴森球。一旦如此，你就有足够多的能量更快地剥去地球表面。

你剥离到地球岩层越深处，岩石就越热。剥去几百米的地壳后，人们开始注意到地面变热了。当剥离掉 1000 米厚的岩石后，地表温度将高达 40 ℃。当你在寒冷的早晨起床下地时，这会让你的脚感觉非常舒服，但生活则变得非常难过了。还有，由于你去掉了所有热点的表面，世界上所有火山都要开始喷发了。

你查看秤。

该死。

你使用你的戴森球继续除去更多岩石,现在你剥离掉5000米厚的岩层了,花费了大约20分钟。(另外,你还需要再花几分钟移走海洋。)地球已经不再适合居住了,由于黄石公园超级火山下喷发出来的岩浆,怀俄明州西北部已经是一个岩浆湖了,地表的大部分区域已经热到可以烧开水和引发火灾了。

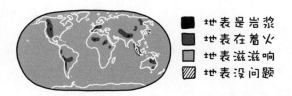

你又称了称体重。

没关系，只需要去掉更多的岩石就行，也许你可以试试某种太阳能超级削皮器。

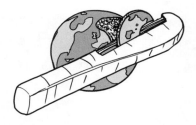

你剥去 20 千米厚的地壳了，之前是海床的许多地区已经暴露出了地幔。

好吧，都说减肥不容易，你又剥去了 20 千米厚的地壳，除掉了深层地壳和熔化的地幔。

你继续。用行星削皮器搞了 4 小时后，你已经把 60 千米厚的大部分熔岩都削掉了。你又跳到秤上，终于看到了一点儿变化。

你还重了 1 磅。

这怎么可能?

如果地球密度均匀,去掉地层就会让你变轻,但是你挖得越深,地球的密度就越大,这抵消了质量的损失。你去掉地球表层,星球更轻了,但你也离致密的地核更近了。这个去掉地球外层方法的实际效果就是,地球表面的重力更强了。

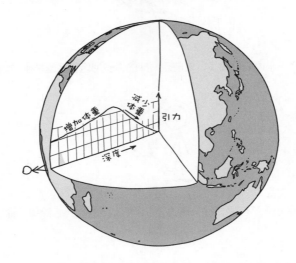

你挖得越深,引力变得就越强。直到你削去大约 3000 千米厚的地层,引力变化才趋于平稳,那时地球直径已经减少一半,地球质量也消失了三分之二。(这大概需要你的太阳能行星削皮器工作一周。)你体重的峰值会达到 207 磅。在这之后,当你开始挖除地球致密的外核时,你的体重才会开始下降。

当你挖去 3450 千米厚的岩石时,体重就降回 190 磅的初始重量;挖去 3750 千米之后,你终于实现了减重 20 磅的目标。这时你已经挖去了地球质量的 85%,但是成功减肥了!

　　这个计划有点儿瑕疵。是的，它毁掉了地球，而且毫无必要地低效。其实有一个更简单的方法可以减少地球对你的引力，且不需要你改变自己的质量或者离开地表。

　　球壳状的物体不会对其内部的物体施加任何引力，这意味着如果你进入地下，上面的岩石层就不会再让你的体重增加。从引力的角度看，它们就像消失了。你不需要真的从地球上去掉多少质量，你只需要进入它的内部。也就是说，简单挖条隧道就可以免去刚才的所有工作。

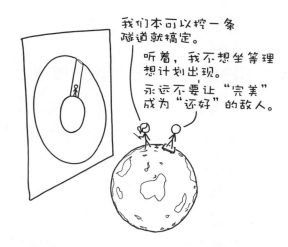

　　至少你不用挥汗运动？嗯，某种意义上吧。这项工程最后还是让你耗费了巨量体力。去掉地球表面需要 5×10^{28} 卡路里的能量，这比全人类从现在开始每天 24 小时锻炼，一直坚持到太阳完全燃尽而且其残余部分冷却至室温时燃烧掉的卡路里还多。

	需要的体力（燃烧掉的卡路里）
你的计划	50 000 000 000 000 000 000 000 000 000
其他人能想到的所有计划	比这要少

　　如果你只是不想劳作，那可能没有比这更惨的失败了。

14 给地球涂色
PAINT THE EARTH

Q. 人类是否已经制造出足以涂满地球上所有陆地的
涂料？

—— 乔斯，来自罗得岛州文索基特

A. 通过计算很容易就能得出答案。我们可以查一查全世界涂料行业的规模，进而推算出涂料生产总量，然后对粉刷地面的方法做出一些假设。[1]

---

1 当你涂到撒哈拉大沙漠时，我建议不要使用刷子。

但首先让我们想一想，我们会用哪些不同的方式来猜测答案是什么。这种思考方式通常被称为费米估算，而最重要的是得到正确的估计范围，也就是说，答案应该有一个正确的数字位数。在费米估算中，你可以将所有答案舍入[2]到最接近的数量级：

关于我的事实

年龄：100 岁
身高：10 英尺
手臂数量：1
腿数量：1
肢体总数：10
平均驾驶速度：100 英里每小时

让我们假设，世界上每个人平均负责两个房间，并且两个房间都被刷过涂料。我的客厅大约有 50 平方米的可涂色面积，那么两个房间就是 100 平方米。80 亿人乘以每人 100 平方米，结果大约不到 1 万亿平方米——比埃及的面积小一点儿。

不够	刚刚够	很充裕
/		

让我们大胆猜测一下，平均每 1000 人里有 1 人是从事粉刷工作的。我假设自己要花 3 小时来粉刷房间[3]，世界上曾生活过 1000 亿人，每人每天 8 小时工作了 30 年，我们得到的结果为大约 150 万亿平方米……刚好是地球陆地的面积。

不够	刚刚够	很充裕
/	/	

粉刷一栋房子需要多少涂料呢？我不太了解，所以让我们再来一次费米估算。
根据我走过货架时留下的印象，家装店上架的涂料罐和灯泡一样多。一座普通

---

2 使用公式 *Fermi* (*x*)=10^{round (log₁₀x)}，这意味着 3 近似为 1，而 4 近似为 10。
3 这大概是乐观估计，特别是在房间里有网络连接的情况下。

房子大概会安装 20 个灯泡，所以我们假设粉刷一座房子需要大约 20 加仑（1 加仑≈3.8 升）的涂料。[4] 好了，这听起来差不多没问题。

美国房屋的平均价格约为 40 万美元，假设每加仑涂料可以覆盖大约 300 平方英尺面积，这相当于每价值 70 美元的房地产就刷了 1 平方米的涂料。我隐约记得全球房地产的总价值约为 400 万亿美元[5]，这说明全球房地产有大约 6 万亿平方米要被粉刷，比澳大利亚的面积稍微小一点儿。

当然，以上两个与建筑物相关的猜测可能被高估（许多建筑没有被粉刷）或者被低估（许多非建筑[6]的东西被粉刷）。但从这些粗略的费米估算看，我猜大概没有足够的涂料覆盖所有陆地。

那费米该怎么办呢？

根据《聚合体彩色涂料杂志》（*Polymers Paint Color Journal*）报道，2020 年全球生产了 415 亿升油漆和涂料。

有一个简单的技巧可以帮助我们。如果某些数据量（比如说世界经济），以每年为 n 的比率持续增长（我们假设为 3%），那么最近一年的量占总量的比例是 $1-\dfrac{1}{1+n}$，目前的总量则是最近一年的量乘以 $1+\dfrac{1}{n}$。

如果我们假设近几十年里涂料的生产一直紧随经济增长，每年约增长 3%，这就意味着涂料生产总量等于当前年份产量乘以 34。[7] 算出来的总量大约是 1.4 万亿升。以每加仑涂料可以粉刷 30 平方米估算[8]，足够粉刷 11 万亿平方米，比俄罗斯的面

4　这是非常粗略的估计。

5　引自：我曾经做过的一个非常无聊的梦。

6　非建筑而被粉刷的例子：鸭子、树叶、M&M's 糖果、汽车、《太阳报》、砂砾、乌贼、芯片、指甲油去除剂、木星的卫星、闪电、老鼠皮毛、齐柏林飞艇、绦虫、泡菜坛、那些用来烤棉花糖的棍子、短吻鳄、音叉、弥诺陶洛斯、英仙座流星雨、选票、原油、社交媒体红人，以及发射订婚戒指的弹弩。这些是我能想到的非建筑物。如果你能想到什么我漏掉的，你可以在书边做个记录。

7　$1+\dfrac{1}{0.03}$。

8　"平方米每加仑"是一种非常令人讨厌的非度量单位，但还有更糟的。实际上我还在专业论文里遇到过"英亩-英尺"，这是一种体积单位，等于 1 英尺乘以 1 链乘以 1 弗隆（1 链为 1/10 海里，合 185.2 米；弗隆也是长度单位，1 弗隆约为 201.2 米）。

积要小。

所以答案是否定的：我们没能生产足够多的涂料覆盖地球的所有陆地，而且以现在的生产速度，大概到 2100 年也不行。

费米估算得 1 分。

恩里克·费米最喜欢的电影：[9]

- 《100 只斑点狗》
- 《十罗汉》
- 《追凶十年》
- 《1000：太空漫游》
- 《100 街奇缘》
- 《第十感》
- 《10 英里》
- 《100 岁的老处男》

---

9 译注：以下影片名全部被作者"费米估算化了"，原影片名分别为《101 只斑点狗》《十一罗汉》《追凶八年》《2001：太空漫游》《34 街奇缘》《第六感》《8 英里》《40 岁的老处男》。

15 木 星 来 到 我 们 镇
JUPITER COMES TO TOWN

Q. 亲爱的兰道尔，如果我们把木星缩到一幢房子那么大，然后把它放在街区里，比如说代替一幢房子，会发生什么？

——扎科瑞，9岁

你可能不乐意，但是在业主协会守则里没有哪一条阻止我们这样做。

A. 这是那种听起来会造成灾难的问题，但是静下来一想，实际上它没有想象中那么糟。然后再仔细一想，你会意识到它的确非常糟糕。

　　一颗和房子一样大小的木星不会有太强的引力，因此不会制造出黑洞或者类似的东西[1]。木星的密度只比水大一点儿，所以一个直径 50 英尺的木星仅有 2500 吨重。这确实很重，但没有太重，相当于一座小办公楼或者几十头鲸鱼。如果你把一个直径 50 英尺的水球放在你家旁边，它会造成一片混乱，可能毁坏附近几座房子然后形成一个小池塘，但是它不会产生什么奇怪的引力效果。

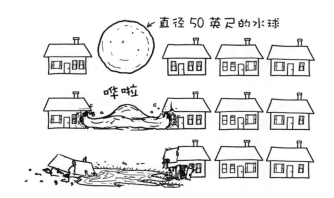

　　因为扎科瑞的木星仅仅只有直径 50 英尺的水球那么大、那么重，所以它看起来似乎没有那么糟糕。

　　问题在于：木星非常热。

　　和地球一样，木星也是薄薄的低温外层包裹了一个酷热的内核。木星内部大部分是氢，被压缩加热到了几万摄氏度。而炙热、致密的东西都想要膨胀。

　　一个 20 000 ℃的氢球将以不可思议的压力向外扩张。真实的木星之所以没有爆炸，是因为它巨

膨胀？好吧，那就是它要变大？

不好意思，有时候物理学家说的"膨胀"其实就意味着爆炸。

1　我们假设小木星的密度不变，和实际的木星相比，它由同样的物质构成，只是质量较小。这和电影《亲爱的，我把孩子变小了》采用了同样的原则。

大的引力抵消了压力，让它保持一体。如果你压缩木星，然后"啪"地把它扔到你家周围，在没有引力的情况下，这个高温高压的氢球就会膨胀。

木星会膨胀得非常猛烈，几乎瞬间就能将你所在街区的房子全部夷为平地，甚至整个街区都会消失。随着"火球"越来越大，它会冷却下来，然后上升到大气层中。5 到 10 秒后，上升的气体会形成一个蘑菇云[2]。

如果你把这个过程录下来——但愿你是在一个安全距离拍摄的——然后倒着放，在某种程度上这就是木星形成的过程。

木星之所以这么热，是因为 46 亿年前引力使一团气体云塌缩到一起。你压缩气体，气体就会升温，因为分子会凑到一起然后更快地弹跳碰撞。很多气体收缩集合到一起才形成木星，因此木星的引力非常强，它非常努力地把自己聚成一体，然后变得非常热。

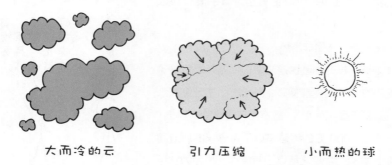

大而冷的云　　　　引力压缩　　　　小而热的球

2　我们总能从蘑菇云联想到核武器，但是说真的，它们只是你一次性向空气中释放大量热能时会发生的事情。热能的来源是什么并不重要，只要热量足够多，并且释放的速度足够快，蘑菇云就会产生。

40 多亿年后，仍有很大一部分热量（大约一半）存在，被木星强大的引力和隔热的云层所困住。迷你木星就没有这种向内的压倒性引力，它的热核使其摆脱掉隔热云层，然后向外膨胀，扩散开来，再然后迅速冷却。

小而热的球　　　　　不受控制地膨胀　　　　　大而冷的云

这场摧毁邻里街区的爆炸意味着 40 亿年来被压抑的热量终于释放，木星摆脱了引力的枷锁，将再一次变成它在太阳形成之前的样子——一团稀薄、寒冷的气体云，弥散在天空中。

那颗明亮的星就是土星。
而让土星变得难以看到的那片朦胧的云，就是木星。

16 星沙
STAR SAND

Q. 如果用和银河系恒星之间比例一样的沙粒创造一片海滩，会是什么样子？

—— 杰夫·沃特斯

A. 沙子很有意思。

"地球上的沙粒比天空中的星星更多吗？"这是个被好多人讨论过的热门问题。简单地回答，在可观测宇宙中星星的数量可能比地球上所有沙滩上的沙粒还多。

人们在试图解答星星是否多于沙粒这个问题时，经常会挖来一些有关星星数量的靠谱数据，然后粗暴估量一下沙子的大小，最后算出与之相当的沙粒数量。可以说，这是因为地质和土壤学比天体物理学更复杂。

我们并不打算计算沙粒的数量，但想要回答杰夫的问题，我们确实需要搞懂沙粒是怎么一回事。具体来说，我们需要知道黏土、淤泥、细砂、粗砂和碎石的粒径[1]，这样才能弄清楚它们变成沙滩[2]会是什么样子。

幸运的是，科学家的最爱莫过于定义类别。一个世纪前，一位名叫切斯特·K. 温特沃斯（Chester K. Wentworth）的地质学家制定了一套粒径的指标，定义了从

1　译注：颗粒的大小称为粒径（grain size），也称粒度。
2　而不仅仅是一堆沙土。

粗砂、细砂到黏土的粒径范围。根据我们对沙子的调查，沙滩上的颗粒粒径通常介于 0.2 毫米到 0.5 毫米之间（最表层的沙子粒径最小），这对应了温特沃斯指标中的"中粗砂"。

单粒沙子大概这么大：

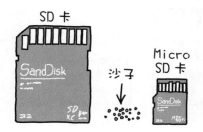

如果我们假设太阳代表一种典型的沙粒，那么乘以银河系内恒星的数量，就会得到一个沙子做成的大沙盒。[3]

如果所有恒星都和太阳一样大，这个估计就没问题，但事实并非如此。有的恒星很小，有的恒星很大。最小的恒星和木星差不多大，但那种大恒星体积惊人，相当于整个太阳系大小。因此，我们的沙盒宇宙中有一些沙粒其实更像石块。

以下是"主序星"[4]沙粒的大小：

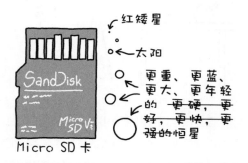

天文知识：这类恒星理论上都被称作"矮星"，但它们中有的并不"矮"，
天文学家可不像切斯特·K.温特沃斯那样擅长起名字。

---

3 我的意思是，我们得出了一堆数字，但请把它们想象成一个沙盒。
4 主序星指那些处在恒星核燃料燃烧周期的主要阶段的恒星。

这些主序星沙粒大多落入"沙子"类别，但也有更大的蠢朋克星[5]越过分界线迈向"颗粒"或"小鹅卵石"类别。

不过以上只是主序星，而那些正在走向死亡的恒星还要更大。

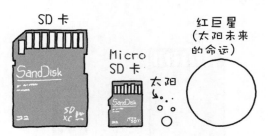

它们几乎与 SD 卡一样大了！

当恒星快耗尽燃料时，它们会膨胀成红巨星，哪怕是普通的恒星也会变得巨大无比。如果是一颗已经很大的恒星，那么进入这个阶段，它就会变成"怪兽"。这些红超巨星是宇宙中最大的恒星。

这种沙滩皮球大小的恒星很罕见，而葡萄和棒球那么大的红巨星比较普遍，虽然它们远不及类太阳恒星或红矮星那么多，但巨大的体积意味着它们将构成我们沙滩的主体，我们将有一个装满沙粒的大沙盒……和一片绵延几英里的碎石地。

5　译注："蠢朋克"是 1993 年组建于法国巴黎的电子音乐制作乐队。他们曾推出一部科幻主题动画音乐剧，故事围绕来自一颗名为 Discovery 的星球上的乐队展开。

6　译注：心宿二，天蝎座 α 星（天蝎座的主星），位于天蝎座中心，天蝎座星区中最亮的星星。

7　译注：一颗位于大犬座的极端富氧型红特超巨星，距离地球约 3900 光年。

这片小沙地的 99% 都由沙子颗粒组成，但占沙地的体积却不到 1%。我们的太阳并不是柔软星系沙滩上的一粒沙子，相反，银河系是一片碎石地，里面夹杂着沙子。

但就和地球上真正的海岸一样，所有乐趣似乎正是发生在岩石间稀有的小片沙地里。

17 秋千

SWING SET

Q. 仅靠人腿就荡起来的秋千，能建到多高？如果荡秋千的人能在恰当的时候跳起来，有没有可能建一座足够高的秋千让人荡到太空？（假设这个人有足够多的力气，我5岁的孩子貌似就有。）

——乔·柯伊尔

A. 让人意外的是，物理学中有大量有关秋千的研究，一部分原因是"钟摆"是非常有趣的物理系统，也有可能因为所有物理学家都曾经是孩子。

玩秋千的孩子很快就能发现，他们可以通过前后摇动荡起来——摆腿并将身子向后倾斜，然后收起腿并将身子向前倾斜，物理学家称之为"受驱振荡"。20 世纪 70 年代以来，已经有一系列研究详细分析了荡动秋千的原理，以及最有效的荡秋千策略。

经过半个世纪的研究，物理学家发现孩子们已经明确地知道自己在做什么。有节奏地摆腿并用手抓住绳链来前后摆动身体，似乎就是最好的荡秋千策略。曾有一段时间，物理学家从理论上推测出更好的策略是站在秋千上，通过蹲下、起立来升高、降低身体（的重心），但是进一步的计算表明，孩子们早就想到了这点。

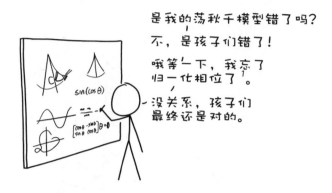

摆腿就能荡高秋千，这在某种程度上似乎破坏了能量守恒定律，你怎么可能向虚无之处施加力呢？但并不是这样：你间接推动了秋千的横杆支架。

如果在钟摆底部装上一个电动轮，当你打开电机使轮子转动时，钟摆会向相反方向动一下，使得整个系统围绕顶端支架的角动量恒定不变。

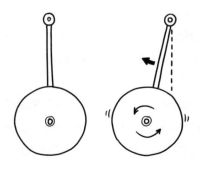

---

1 译注：归一化是一种简化计算的方式。

　　荡秋千也是这样。当你抓住绳链摆动身体时，秋千会向相反的方向轻微运动，对抗引力把你推起一点儿。然后，一旦重力改变了你的方向，你的身体就会向另一个方向摆动，使你在当下的运动方向上又被推起一点儿。如果摆动的方向正确，向前摆和向后摆都会让你荡得更高一点儿。

　　如果秋千非常高，前后摆动荡高秋千的动作就变得低效。当离支架横杆很远时，你的扭动不会给整个系统带来很大的摆动，因此秋千的运动也就少了很多。一个成年人在 8 英尺（约合 2.44 米）高的秋千上后仰摆动一下，能将秋千围绕枢轴转动 1 度；但是在 30 英尺（约合 9.14 米）高的秋千上，同样的摆动只能让秋千转动0.07 度。

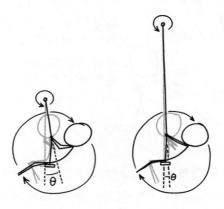

　　在高大秋千上的摆动效率降低，这意味着你需要更多时间才能让秋千荡起来。在8 英尺高的秋千上，每荡一次都会让秋千摆动的角度增加 1 度，所以如果你想荡到 45度，就需要荡 45 次，大约花费 70 秒。但是在 30 英尺高的秋千上，每荡一次秋千的摆动角度增加得很少，你将需要荡 640 次才能荡到 45 度。由于更高的钟摆系统需要更长时间向前和向后运动，因此你每分钟能荡的次数也会减少，荡 640 次花费的时间将超过半小时。

　　如果真的在 30 英尺高的秋千上试了一把，你就会发现自己根本无法荡到 45 度。事实上，你无法像在 8 英尺秋千上一样荡得离地面那么高。由于空气阻力，每次你荡到底部时都会损失一些速度。你摆动的角度越大，荡得越快，受到的阻力就越多。当你荡到大约 20 度时，损失的能量将超过摆动获得的能量。所以，你在 8 英尺秋千上荡得可以比在 30 英尺秋千上更高！

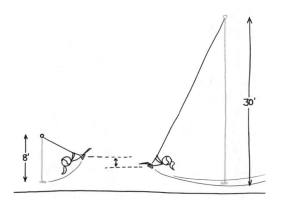

确实有一些非常大的秋千存在。比如在南非德班的摩西·马布海达体育场，游客们可以登上体育场上方的人行通道，玩一玩悬挂在体育场顶棚脚手架上 200 英尺（约合 61 米）高的秋千。然而在这种速度下，空气阻力仍然会造成损失：人们荡到底部时，就已经失去了大部分动力，因此不会向另一侧摆动太远，使劲踢腿也无济于事。这个秋千实在是太高了，所以无论怎么荡也几乎没有效果。

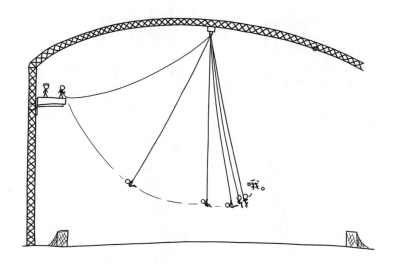

巨型秋千可能很有意思，但它并不能帮你更接近太空。从人们荡秋千的平均测量结果看，能达到高度上限的理想秋千高度应该是 10~15 英尺（3~4.6 米）——恰好就是游乐场里大号秋千的尺寸。

又一次，小朋友们早就想到了。

18 飞机弹射器
AIRLINER CATAPULT

Q. 我的朋友是商业航空公司的飞行员，她说飞机起飞会消耗大量燃料。为了节省燃料，我们为什么不能像航空母舰那样使用弹射器系统（调整到普通人能接受的加速度）来发射飞机呢？如果用某种清洁能源来驱动弹射器，是否能节省很多化石燃料？我正在想象一根绳子……一头拴在飞机上，另一头绑在悬崖边的一块巨石上，然后把巨石推下悬崖！

—— 布兰迪·巴基，西雅图，华盛顿州

A. 我喜欢这个开头听起来很酷且充满未来气息，最后却以石头和绳子结束的问题。

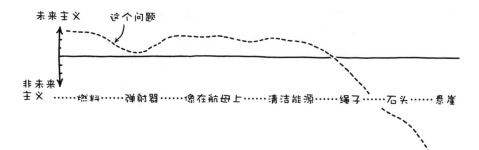

的确，飞机起飞时会更快地消耗燃料，但是起飞的过程很短暂。像空客 A320 这样的小型客机在跑道上加速至起飞可能只消耗 10～20 加仑的燃料，而在飞行的其余阶段会消耗几千加仑燃料。

飞机在爬升到巡航高度时会持续快速消耗燃料，这比在跑道上加速起飞的时间可长得多。这两个阶段累计起来，一架 A320 客机会消耗几百加仑燃料。但是弹射器只能在地面帮到你。如果能在爬升阶段持续帮助你，那它就不是弹射器了，而是自动扶梯。

在地面上时，你可以使用弹射器来获得更多速度。客机起飞时，它的速度通常不到巡航速度的一半。使用弹射器在地面获得更高速度，意味着可以在爬升过程中消耗更少的燃料来达到所需的速度。

两个问题[1]出现了。首先，地面附近稠密空气的阻力会拖拽飞机，让你在进入上层大气层之前损失掉一些速度。

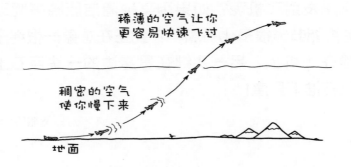

其次，更大的问题是土地。

飞机在起飞阶段通常以 0.2g 或 0.3g 的速度向前加速，这也是为什么它们需要至少 1 英里长的跑道才能起飞。如果你愿意加速一路上升到 0.5g，就像开快车时踩足油门感受到的那样，理论上你只用不到半英里就能起飞。但是如果想在起飞时就加速到巡航速度，获得足够的动力向上冲破大气层的稠密部分，你将需要一条 9 倍长的跑道。即使我们不预留任何安全余量，跑道也至少要 4.5 英里长。

如果按这个长度延伸主跑道，华盛顿国家机场会变成这个样子：

---

1 我的意思是至少两个。

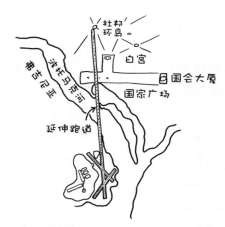

这条跑道会在林肯纪念堂和华盛顿纪念碑之间穿过国家广场，恰好错过罗斯福纪念馆和"二战"纪念碑，然后继续穿过城市，直抵杜邦环岛附近。

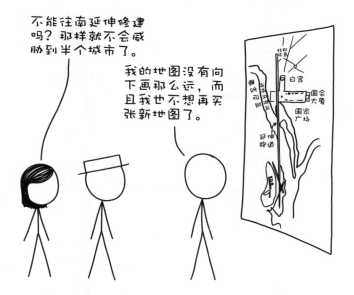

公平地讲，利用弹射器发射客机的主意并不全然荒唐。虽然节省的燃油可能不多，但它能让更大的飞机在更短的跑道上起飞。弹射器还能让起飞不那么吵，噪声问题对城市机场来说是老生常谈了。

曾经有一些严肃的客机弹射提议。1937 年，NASA（美国国家航空航天局）的前身 NACA（美国国家航空咨询委员会）研究了陆基弹射发射，用来帮助巨型客机起飞，避免建设长度吓人的跑道[2]。2012年，空客公司曾发布2050年航空业概念图，其中就包括一个弹射器模样的发射系统，被称为经济爬升系统（Eco-Climb）。

然而，除了偶尔的实验设计外，弹射器仅限于一些特殊场景，比如航空母舰上舰载机的发射，这种情况下飞机需要快速加速才能短距离起飞，但弹射起飞节省的燃油与整体花费的燃油相比微不足道，所以这些飞机可以保持原样起飞。

如果你坚持建造自己的系统，准备用绳子在悬崖边上完成起飞，这里有个小建议：要把一架200吨的客机加速到400英里每小时，你需要一块特别重的石头或者极其高的悬崖——几千吨的重量从超级摩天大楼的高度上落下。

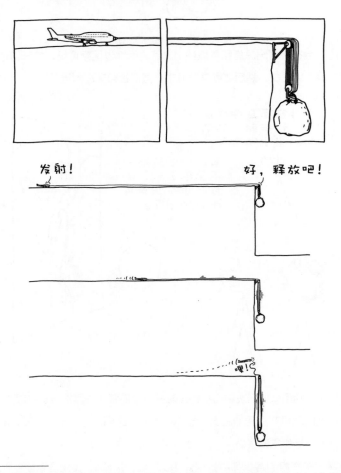

发射！ 好，释放吧！

———————————
2 当然，对于1937年的家伙们来说，"巨型"飞机仅可容纳40人，而他们想象中"长度吓人"的跑道还不到1英里，这与我们最终建造的几英里跑道相比，简直不值一提。

如果你使用更重的东西，就不需要那么高的落差了。现在，我可没有提出任何具体的建议，但我要声明一下，华盛顿纪念碑地面以上的部分大约重 80 000 吨。一个 80 000 吨重的物体只需要很短的下落距离就可以使客机加速到起飞速度。

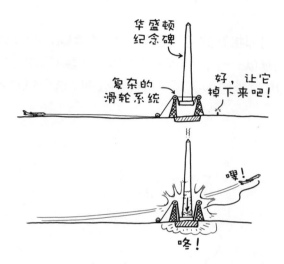

想想而已。

快 问 快 答 （ 二 ）

SHORT ANSWERS #2

Q. 小丑比利即将花光身上的钱，为了筹钱，他设计了一个演出新把戏：用嘴吹一个标准尺寸的气球，直到气球的材料（某种坚不可摧的橡胶）被拉伸到原子直径那么薄。这个气球会有多大？

——阿伦·方

A.

至于比利为什么花光钱了，这是个秘密。

Q. 移动一辆标准尺寸的 SUV 汽车需要多少台吹叶机[1]？

——阿什利·H.

A. 在水平地面上挂空挡的车辆，只需要十几台或二十几台重型吹叶机就可以让它移动。当然，如果你不想被后面的车辆狂按喇叭催促，就需要更多。

---

1 译注：一种园艺工具，用于吹走地上的树叶和草屑，由电动或汽油发动机提供动力。

Q. 如果把吸尘器调到最高吸力，然后对准一辆普通宝马牌轿车，会发生什么？

—— 匿名

A.

Q. 炎热的夏夜，你坐在户外开着灯，昆虫肯定会被亮光吸引过来，那为什么这些虫子白天不会飞向最大最亮的太阳呢？

—— 匿名

A. 飞蛾和其他昆虫为什么会扑向灯火，在昆虫学里是一个未解之谜，至于它们为什么不飞向太阳，答案就简单多了。

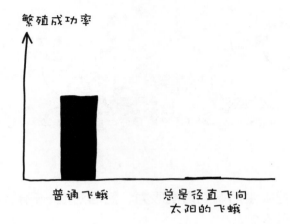

繁殖成功率

普通飞蛾　　　总是径直飞向
　　　　　　太阳的飞蛾

Q. 如果你集齐世界上所有的枪，把它们放在地球的一端同时开枪，会让地球移动吗？

—— 内森

A. 这倒不会，但在我看来，如果你能让这些枪一直留在那里，那地球另一端就更适合居住了。

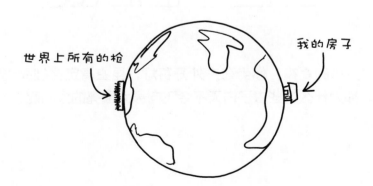

世界上所有的枪　　　　　　　我的房子

Q.　如果用一台微波炉去加热一台更小的微波炉，同时这台更小的微波炉也在工作，会发生什么？

—— 迈克尔

A.　那个宜家门店将不再欢迎你。

Q.　当你跳向一个蹦床时，你需要达到多大的速度才能实现以下情况：

　　A. 撞击蹦床时，全身的骨头被击碎
　　B. 支离破碎的身体能穿过蹦床网格上的小孔

—— 米卡·莱恩

A.　A：打碎人体的全部骨头非常困难，因为很多骨头只有鹅卵石大小，且深嵌于更大的身体构造中。我不知道具体多快才能打碎它们，但肯定快到蹦床已经对此不会产生什么影响了。

B：很高兴告诉你，这种情况不会发生。

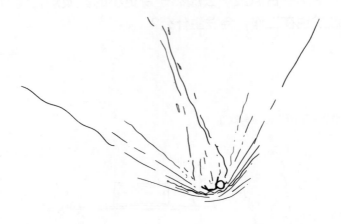

Q. 我有一枚手榴弹。它被引爆后会立即产生一个直径 2 米、完全真空的球。在它爆炸时究竟会发生什么？

——戴夫·H.

A. 这个真空球将会坍塌，在中心处发生能量巨大的碰撞，从而迅速升温，甚至可能短暂转变为等离子体[2]。能量将以热脉冲和冲击波的形式向外辐射，足以造成严重伤亡，并摧毁小型建筑物。

换句话说，这就是一枚普通的手榴弹。

---

2 译注：气体在高温或受到强辐射时，原子中的电子被激发出来所形成的一种状态。

Q. 太空是冷还是热?

—— 艾萨克

A.
根据教科书对温度的定义，太空是热的，至少太阳系是这样。太空中的每一个分子都在快速运动，也就是说它们拥有很多能量，温度通常被定义为"物质中分子的平均动能"。可惜太空中的分子太少了，即使每个分子有很多能量，热能的总量依然很小，这意味着它不会使物体升温。因此理论上太空可能是温暖的，但实际感官上很冷。

太空也许是热的，但会成为冻死你的最热的地方。

Q. 在保持人还活着的前提下，可以从人体内取出多少块骨头？替朋友提问。

—— 克里斯·拉克曼

A. 这人应该不是你的朋友吧。

Q. 如果把人置于 417g 的重力下 20 秒，会发生什么？

—— 尼特尔

A. 你会因谋杀被捕。

Q. 在哪个地方，或者怎样做才能实施谋杀而不被起诉？

—— 库纳尔·达旺

A. 法学教授布莱恩·C. 卡尔特（Brian C. Kalt）在一篇著名的法律研究文章中指出，美国黄石国家公园有一片 50 平方英里的区域，在那里犯下重罪的人可以不受到惩罚。美国宪法对陪审团必须来自哪里有明确的规定，但由于地区界线划定错误，在该地区起诉犯罪会要求陪审团来自一个人口为 0 的地区。

不过先别开始纵情犯罪，我向一位联邦检察官咨询了一下"黄石漏洞"问题，他笑了，告诉我如果试图利用这个漏洞，绝对会被起诉。提到卡尔特教授的论点，我在此引用检察官的回答："法学教授常说这种鬼话。"

你确定谋杀犯法吗？根据第 8 页的一个细则……

唉！

Q. 我今天看到一则消息：昆虫每年为美国至少创造 570 亿美元的经济价值。如果我们将这些经济贡献平均分给美国的每一只昆虫，每只昆虫能得到多少钱？

——汉娜·麦克唐纳

A. 经济价值的估算很复杂，且在很大程度上取决于如何定义。但为了解决这个问题，我们将按面值来计算这 570 亿美元。有些昆虫可能发挥了更大的作用（我个人认为蚂蚁就是如此），但假设我们对所有昆虫一视同仁吧。

美国有多少只昆虫？20 世纪 90 年代，密苏里大学的简·韦弗（Jan Weaver）和莎拉·海曼（Sarah Heyman）进行了一项调查，发现密苏里州的奥扎克森林每平方米约有 2500 只昆虫。其他调查发现的昆虫数目更多，要么因为调查的森林类型不同，挖掘了更深的土壤，要么因为研究人员设法统计到了更小的昆虫。但调查地点通常是相对富饶的地区，美国全国平均水平可能远低于森林地面落叶层的平均水平。如果把这些数字作为全国平均水平粗略估计的话，美国大约有 2 亿亿只昆虫。

如果我们把 570 亿美元分给这 2 亿亿只昆虫，每只昆虫将得到 0.000 002 9 美元，也就是说，每 3500 只昆虫分到 1 美分。巧合的是，根据调查，一只昆虫的平均重量略低于 1 毫克，因此这 3500 只昆虫的重量总和大约相当于它们所能得到的 1 美分硬币的重量。

根据韦弗和海曼的调查情况，这笔钱将这样分配：

- 180 亿美元给苍蝇和蚊子
- 160 亿美元给蜜蜂、黄蜂和蚂蚁
- 100 亿美元给甲虫
- 70 亿美元给蓟马——一种从植物中吸取汁液的小昆虫
- 10 亿美元给蝴蝶和飞蛾
- 10 亿美元给半翅目昆虫
- 40 亿美元给剩下的昆虫

我觉得这个分配不错！不过先声明一下，如果让我负责预算，第一件事就是削减蚊子的经费。

Q. 在当下和过去，在所有社会和生物因素中，身为人类意味着什么？

——塞斯·卡罗尔

A. 你应该想把这个问题提交给 *Why if*？一书。

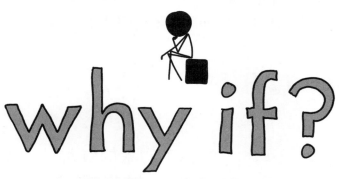

why if?

如何全然不符合语法地
回答无法回答的哲学问题

19 漫长的恐龙启示录

SLOW DINOSAUR APOCALYPSE

Q. 如果一个希克苏鲁伯陨石[1]般的物体，以（比如）3英里每小时（约 4.83 千米每小时）这种相对较低的速度撞击地球，会怎么样？

—— 贝尼 · 冯阿莱曼

A. 它不会造成大规模物种灭绝，这对撞击点附近的人来说是一个小小安慰。

6600 万年[2]前，一块来自太空的巨大岩石撞击了今天墨西哥梅里达市附近的地区，导致大多数恐龙灭绝。

所有来自太空的物体在到达地球表面之前速度都很快，即使它邂逅地球时正在缓慢飘移，地球的引力势阱[3]也会将它至少加速到逃逸速度。这个速度给物体提供了大量动能，这也能解释为什么卵石大小的流星燃烧得如此之亮，以及为什么稍大点儿的岩石就可以在地面砸出一个大洞。

如果是一颗缓慢的流星，结果将会不同。假设你小心翼翼地将一颗流星缓缓放下，直到它悬停在离地面 5 英寸（约 12.7 厘米）的地方，然后松手。

1　译注：墨西哥的希克苏鲁伯陨石坑是世界上第二大的陨石坑，直径约 180 千米，深度超过 20 千米，大约形成于 6600 万年以前，许多科学家推测是这次巨大小行星坠落造成了恐龙灭绝。
2　截至 2022 年。
3　译注：引力势阱是一种类比描述引力场的概念，物体质量越大，产生的引力势阱就越深。

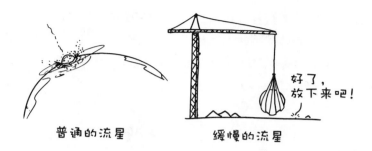

普通的流星

缓慢的流星

好了，
放下来吧！

这颗流星会像正常物体一样开始坠落，在 1/10 秒后与地面接触。

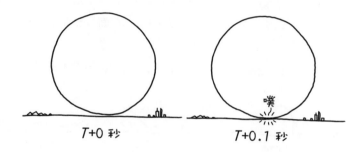

T+0 秒

T+0.1 秒

噗

流星底部接触地面时，会以 3 英里每小时的速度飞行，不到杀死恐龙的流星速度的千分之一。流星底部可能会停在地面上，但流星上方 10 千米的岩石依旧处于继续下落状态。

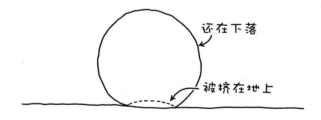

还在下落

被挤在地上

大多数彗星和小行星并不是很结实。过去我们常常把小行星想象成坑坑洼洼的土豆形固体岩石，这确实符合一些小行星的样子，但现在我们已经用探测器探访了几个天体，了解到它们中有很多更像是被引力和冰霜松散地结合在一起的碎石堆。它们更像沙堡，而不是巨石。

如果你用谷歌搜索"世界上最大的沙球",并不会得到太多结果[4],因为我们很难做一个比垒球还大的沙球。即使你试着配比水和沙子,小心堆积,依然会发现更大的沙球无法支撑自己的重量。同样的事情也发生在陨石上。

"土壤液化"听起来是个很无聊的词语,形容的却是一件可怕的事。在某些情况下,比如地震时,土壤可能像液体一样流动,严重威胁生活在地面上的人。撞击物中的物质会经历同样的变化,以超声速的速度使土壤液化,向四面八方滑坡,并且向外流过地面。[5]

在接下来的 45 秒里,流星会从一个落下的"球"变成一个扩散的"圆盘"。

滑坡将蔓延数英里。研究了地球和太阳系其他天体的大型滑坡后,我们发现,滑坡覆盖的面积主要取决于物质初始的总体积,而不是它如何沉积的具体细节。这意味着,流星造成的滑坡将从最初的接触点扩展 30~40 英里,甚至会更大,因为它比大多数山体滑坡的速度都快。如果它发生在希克苏鲁伯陨石撞击的同一地点,可能会覆盖原始陨石坑的大部分区域。

4　在我写书时确实是这样,但当你读到这本书的时候,可能情况就有所不同了。如果你是通过谷歌搜索"世界上最大的沙球"找到的这本书,却不知道它为什么会在搜索结果中名列前茅,那么你终于破案了!
5　我搜索了几篇关于"超声速土壤液化"的研究论文,很遗憾没有找到结果。也许有人正在研究针对这个议题的拨款计划。

希克苏鲁伯撞击点位于海岸沿线，因此大部分陨石碎片将落入海洋，就像 6600 万年前那次初始撞击一样，这次撞击会搅动海水。

白垩纪的撞击引发了一场海啸，海啸席卷了墨西哥湾并向内陆行进了数英里，撞击还让整个地球剧烈震动，使全球的水波动摇晃，在那些甚至与墨西哥湾没有什么联系的湖泊中形成海啸般的波浪。

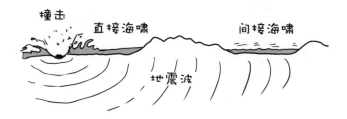

我们假设的撞击造成的震动不会像白垩纪那样严重，因为我们的撞击速度慢得多。与白垩纪撞击 10 级以上的地震相比，我们的撞击相当于 7 级地震，它引发的海啸也会更小。

不过先别着急去墨西哥湾海岸围观，撞击引发的波浪应该也不会**那么**小。白垩纪撞击的大部分能量促进形成火山口，小部分能量促进形成海啸。但相比将水蒸发出一个洞再让水填满，向海洋倾泻大量物质可能是更有效的造浪方式，因此海啸可能会在内陆蔓延相当长的距离。

滑坡本身将掩埋梅里达市。半小时后，海啸将摧毁墨西哥湾沿岸的其他城市。在接下来的几小时里，全球海洋将泛起小小海浪，然后逐渐消退。

如果你生活在世界的另一边，比如雅加达或珀斯，并且在短暂的海岸洪灾期间远离海岸，就不会察觉到太多。与6600万年前不同的是，这次不会发生由喷溅的陨石碎片重新进入大气层而引发的全球火风暴，也不会引起火山喷发。虽然会有一些灰尘被抛到空气中，但不会发生因火山灰气溶胶而带来的全球冷却。

缓慢的撞击不会导致"大灭绝"，但仍可能带来"灭绝"。

努布拉岛是电影《侏罗纪公园》里的虚构岛屿，它位于哥斯达黎加西南海岸。电影原作中没提到岛有多大，但约翰·哈蒙德[6]提到他安装了"50英里的围墙"，这意味着公园的面积不到200平方英里（约合518平方千米）。

如果人类真的克隆了恐龙，如果撞击点向南移动1000英里……

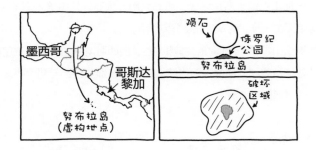

……它可能**真的**会引发恐龙灭绝。

---

6 译注：约翰·哈蒙德是高价买下努布拉岛建立侏罗纪公园的亿万富翁，电影中国际基因科技公司的老板。

20 元素世界

ELEMENTAL WORLDS

Q. 如果水星（Mercury）完全由汞（mercury）构成，会发生什么？如果谷神星（Ceres）由铈（cerium）构成呢？如果天王星（Uranus）由铀（uranium）构成，海王星（Neptune）由镎（neptunium）构成，冥王星（Pluto）由钚（plutonium）构成呢？

—— 匿名

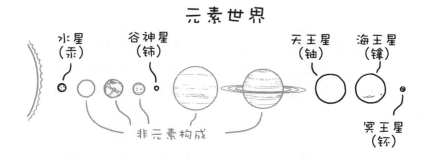

元素世界

水星
（汞）　谷神星
（铈）　　　　　　　　　天王星
（铀）　海王星
（镎）

非元素构成

冥王星
（钚）

A. 有五个与元素同名的行星世界：水星、天王星、海王星，矮行星谷神星以及冥王星。

从地球上看，水星和谷神星不会有太大变化。水星的重量将是原来的两倍多，由于它闪亮的新半液态表面，它的亮度将比原来亮五倍。谷神星的重量将增加到原来的三倍，亮度比原来亮近十倍，足以在黑暗的天空中被肉眼看到。

不幸的是，由于其他三颗行星，黑暗的天空可能更难找到了。

其他三个以元素命名的天体——天王星、海王星和冥王星——的变化，可就有些引人注目了。

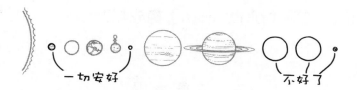

铀、钚和镎都具有放射性，因此这些行星会产生大量热量。如果冥王星由钚 -244（最稳定的同位素）构成，它的表面就会非常热，并发出篝火般红橙色的光，达到在地球上用肉眼刚刚可以看到的亮度，而多亏太阳系那另外两个新成员，一年中我们也看见不了几次。

铀最常见也最稳定的同位素是铀 -238，它的衰变非常缓慢，超过数十亿年。一块铀 -238 摸起来不会很热，你可以用手拿着它而不用面临任何辐射中毒的风险。但如果你收集了一颗行星那么大的铀球，那么各部分热量加起来就会使星球达到数千度[1]。

你可能会奇怪，为什么摸起来很冷的少量金属聚成一个大球就变热了？这就是规模效应。由于体积比表面积增长得更快，物体越大，每单位表面积产生的热量越多，于是表面必须变得更热才能散热。因此真正的大物体即使每单位体积产生的热量很少，

1　无论华氏度、摄氏度还是开尔文，哪一个都差不多。

聚在一起也会非常热。

如果你能设法分离一部分出来,即使是发生着核聚变的太阳核心也会变得非常冷。一杯太阳核心物质[2]会产生约 60 毫瓦的热能,按体积计算,这与一只蜥蜴产生的热量相同,并且低于人类。从某种意义上说,你比太阳还热,只是没有那么多的你聚集起来罢了[3]。

天王星反射太阳的光,但光线太暗无法用肉眼看到,不过如果你走运,可以透过双筒望远镜看到它。超高温的铀天王星会发出明亮的光芒,在天空中像普通恒星一样可见。

海王星才是个大问题。

	之前	之后
水星	可见	可见
谷神星	不可见	可见
天王星	几乎看不见	可见
海王星	不可见	天哪,我的眼睛!
冥王星	不可见	可见

镎元素不是什么你每天都会碰到的东西。铀和钚虽然也不是**那么**常见,但因为用于核武器,它们的名气高了许多。然而,它们在元素周期表里的近邻镎则默默无名。

镎偶尔也会露面。2019 年年初,俄亥俄州南部的一所中学在学期中突然关闭,原因是什么?镎污染。这所学校距离朴茨茅斯气体扩散厂几英里,那里曾是核燃料加工厂,于 2001 年停止运营。2019 年年初该区接到通知,称学校对面街道上的能源部

---

2 如果你找到了需要这种成分的食谱,请不要按上面说的做。
3 除非你是一只蜥蜴。那么,嗨,谢谢你爬到这本书上!我希望这页是在阳光下翻开着,这样纸张会暖洋洋的。

安放的空气监测器检测到过量的锝——可能是工厂废物处理的副产品，于是该区立即关闭了学校，第二年也是如此[4]。

锝的放射性很高，微量已经够危险了，你应该不想让它充满整个星球。如果整个海王星由锝构成，它产生的热量将会比邻居天王星和冥王星多得多，不仅会热得发光，还会因热而蒸发，形成一层厚厚的气态锝大气层。

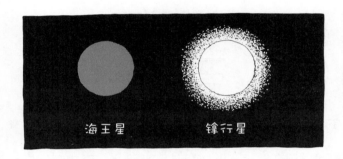

海王星   锝行星

海王星的放射性会使它和中等大小的恒星一样明亮。它虽然不会比太阳更耀眼——在恒星中，太阳还是属于更亮一些的——但海王星的表面会比太阳更热，所以颜色也会更蓝。

海王星离我们要比太阳离我们远得多，所以它的视亮度会低一些，但仍会与满月一样明亮。

与月球不同，海王星不会经历月周期。由于环绕太阳需要一个半世纪，它将连续几年每晚出现在相对于恒星大致相同的位置。21 世纪 20 年代，海王星会在 6 月至 12 月的大部分夜晚出现在天空中，光芒掩盖宝瓶座、双鱼座和飞马座。在接下来的几十年里，它会懒洋洋地穿越白羊座和金牛座，散发出的明亮光线将使我们几十年内都看不到猎户座。

当海王星闯进你的目光中来，像一块大比萨派那是 X 射线[5]

除了一些天文学和占星术上的复杂情况外，地球上的生命应该会从海王星的辐射中幸存，不会遇到太大麻烦。新的放射性行星的内部会变热，但没有一颗会热到足以触发热核聚变。地球的大气层将保护我们免受任何从双鱼座方向流向地球的外来

---

4 能源部表示，随后的调查没有找到学校受到污染的证据，但并非所有人都同意这一观点。在持续调查期间，学校仍然是关闭状态。

5 编者注：原曲是美国歌手迪恩·马丁的《那是爱》（*That's Amore*）。

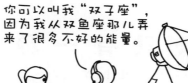

粒子的影响。

　　一些不稳定同位素还会给我们带来最后的惊喜。如果天王星由铀 −235 而不是铀 −238 组成，它就不会存在太久。任何比保龄球大的铀 −235 都足以发生裂变。很遗憾，即使是最稳定的锝同位素锝 −237 也很容易裂变，因此锝 −237 海王星会立即引发失控的链式反应，将整个行星转化为一团不断膨胀的高能粒子和 X 射线云。用不了 3 小时，冲击波就会抵达并且完全摧毁地球，剥去地表，留下一个熔融的东西悬在太空中。

　　有一个教训：不稳定同位素令人讨厌。如果你不知道选择哪一种同位素，那就选最稳定的。

21 当一天只有一秒

ONE-SECOND DAY

Q. 如果地球自转加速到一天只有一秒，会发生什么？

—— 迪伦

A. 那将会是世界末日，但每两周会有一个短暂的时期比世界末日更末日。

地球在自转，这意味着它的赤道部分被离心力向外抛出。这种离心力虽然不会强到克服引力把地球撕裂，但它足以使地球被稍微压扁，因此你在赤道上的重量会比在两极轻1磅[1]。

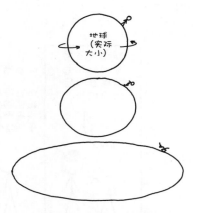

如果地球（和地球上的一切）突然加速到一天只持续一秒，那么地球连一天都存活不了[2]。那时赤道的转动速度会超过光速的10%，离心力超过引力，构成地球的物质将会被甩出去。

你不会立刻一命呜呼，也许能苟活几毫秒甚至几秒。虽然看起来时间不长，但与

---

1 这是多种因素的综合作用，包括离心力、地球的扁平形状，以及当你往极点走得足够远时，北美地区的人们会请你享用肉汁乳酪薯条。

2 无论是哪种"一天"。

你在本书其他和相对论性速度相关的"what if 场景"中死亡的速度相比,这段时间相当长了。

这时地壳和地幔会分裂成建筑物大小的碎块,一秒 [3] 后,大气层就会散失到过于稀薄而令人无法呼吸,即使你站在相对静止的地球两极,可能也活不到窒息那一刻。

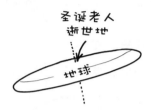

最初几秒,膨胀的地球会把地壳变为旋转的碎片,几乎杀死地球上的所有人。但与接下来要发生的事相比,这还算温和的。

这时所有物体都会以接近光速的速度(也就是相对论性速度)运动,但每块地壳的速度都与相邻地壳接近,因此不会马上发生相对论性的碰撞。此时的世界相对平静……直到地球圆盘撞上什么东西。

第一波障碍是环绕地球的卫星带。40 毫秒后,国际空间站(ISS)将与膨胀的地球大气层边缘相撞并且瞬间蒸发,随后更多卫星步入它的后尘。1.5 秒后,地球圆盘将到达赤道上空的地球静止卫星带,每一次撞击都会释放强烈的伽马射线。

这些地球碎片会像持续膨胀的圆锯一样向外切割,10 秒后到达月球,1 小时后光顾太阳,并将在一两天(我们原本意义上的一天)内跨越太阳系。每当地球碎片和一颗小行星相撞,就会向四面八方喷射大量能量,最终给太阳系的每个星球表面都来了场大消毒。

由于地球是倾斜的,太阳和其他行星的赤道面通常不与地球的赤道面在同一水平面上,因此它们很可能有避开这把"地球电锯"的良机。

---

3 我的意思就是一天。

然而，月球每隔两周就会穿过地球赤道平面。如果迪伦提出在此时加速地球自转，月球将正好位于膨胀的地球圆盘轨道上。

即将发生的撞击会让月球变成一颗彗星，在高能碎片的推动下冲出太阳系。这颗彗星发出的光和热异常耀眼，以至于假使你站在太阳表面，此时你头顶上将比脚下更耀眼。太阳系的每一个星球表面——木卫二的冰、土星的环、水星的岩石地壳都将……

晚安，星球
晚安，空气
晚安，无处不在的噪声

……被"月光"扫荡一空。

22 10 亿 层 的 大 楼
BILLION-STORY BUILDING

Q. 我 4 岁半的女儿坚持要一栋 10 亿层的大楼，结果我发现不仅很难帮她理解这个尺寸，而且解释不通必须要克服的其他困难。

——史蒂夫·布罗多维奇代替一个名叫凯拉的小女孩提问，

宾夕法尼亚州米迪亚市

A. 凯拉：

如果你把房子建造得过于高大，它笨重的头部就会压扁下面。

你尝试过做花生酱塔吗？用花生酱堆一个小小的塔很容易，就像在零食饼干上建一个城堡，但如果你想建一座真正的大城堡，那它就会被压扁得像煎饼一样。

给凯拉的小提示：如果爸爸告诫你不要用花生酱做任何东西，不要听他的话。
如果他埋怨你把桌子弄得一团糟，那就偷偷把花生酱罐子带进卧室，
在地毯上建花生酱塔，我批准你这样做。

盖楼和堆花生酱是一个道理，我们可以建造坚固的大楼，但无法把楼建得直达太空，因为楼的顶部会压扁底部。

我们是有能力建造高楼的，世界最高楼有近 1000 米[1] 高，如果我们愿意，也可以建造 2000 米甚至 3000 米的高楼，而且这些楼能够承受自己的重量。但再高点儿的话，事情就难办了。

但除了重量，高层建筑还会遇到其他问题。

一个问题就是风。高空的风很强劲，建筑必须足够坚固以抵御强风。

另一个问题你可能想不到，那就是电梯。它是高层建筑的必需品，因为没有人想爬几百层楼。如果大楼有好多层，那就需要好多不同的电梯，因为会有很多人在同一时间上上下下。如果你把楼建得太高，那么整个楼都会被电梯占据，就没有什么地方建房间了。

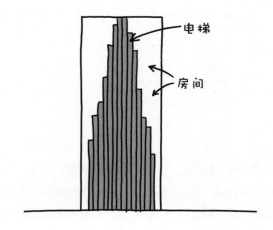

---

1 译注：位于阿拉伯联合酋长国迪拜的"哈利法塔"是世界上已建成并投入使用的最高建筑，塔高 828 米，地上有 162 层。

也许你能提出不坐电梯上去的方法，比如第 6 章中提到的 "鸽子飞椅"。你还可以安装一部 10 层高的巨型电梯，或者让电梯运行得和过山车一样快。你还可以用热气球把人送到房间，或者用弹射器把人弹上去。

电梯和风是大问题，但最大的问题还是钱。

要建一栋真正的高楼，就必须有人愿意为此买单，没人想为这种真正的高楼付钱。一栋几英里高的建筑将耗资几十亿美元，10 亿美元可是个大数目！如果你有 10 亿美元，就能买一艘宇宙飞船，拯救世界上所有濒危的狐猴，给美国每个人发一美元，做完这些你还能剩下点儿钱。大部分人都会觉得不值得把钱花在几英里高的巨塔上。

如果你真的家财万贯，就可以自己花钱建一栋楼，并解决所有的工程问题，但仍然会在建造 10 亿层高楼上遇到麻烦。10 亿层真的太高了。

一栋宏伟的摩天大楼可能有 100 层左右，也就是有 100 栋小房子那么高。

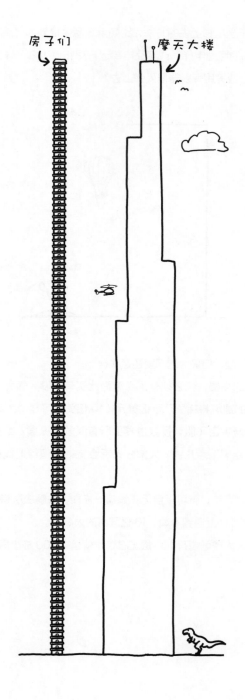

如果将 100 栋摩天大楼叠在一起变成巨型摩天大楼，其高度就能达到去往太空的一半：

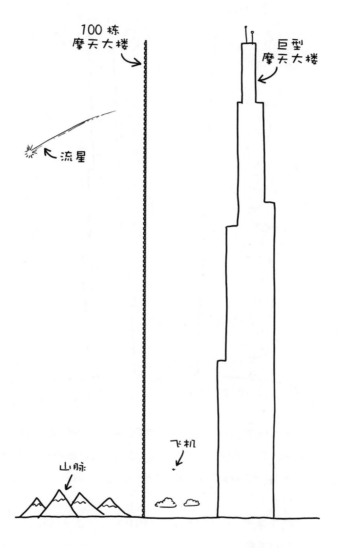

可巨型摩天大楼才 10 000 层，远低于你想要的 10 亿层！展开算一下，100 栋摩天大楼，每一栋有 100 层，所以巨型摩天大楼有 100×100 = 10 000 层。

但你想要一栋 1 000 000 000 层的摩天大楼，让我们把 100 栋刚才那样的巨型摩天大楼叠起来，建一栋超巨型摩天大楼吧：

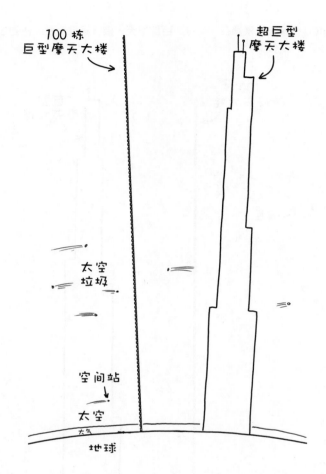

这座超巨型摩天大楼探出地球太远了，太空飞船会撞上它。如果空间站朝着大楼飞来，就要用飞船发动机变向避开[2]。坏消息是，太空中到处都是破碎的飞船、卫星和垃圾碎片，它们像无头苍蝇一样乱飞，如果你建一栋超巨型摩天大楼，那些飞船零件早晚会一头撞过来。

话说回来，超巨型摩天大楼也只有 100 × 10 000 = 1 000 000 层，仍比你想要的 1 000 000 000 层小得多！

让我们再把 100 栋超巨型摩天大楼叠起来，建一栋超绝巨型摩天大楼吧：

2　他们可能会在反复躲避你的塔后变得很暴躁，所以你或许打算在他们经过时，用磁轨炮（一种利用电磁发射技术制成的先进动能杀伤武器）向窗外发射燃料和零食来安抚他们。

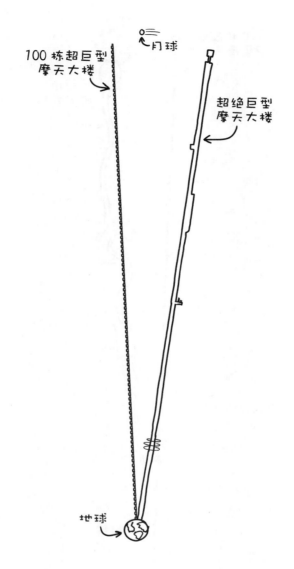

这栋超绝巨型摩天大楼可太高了，几乎与月球擦肩而过。

但它也只有 100 000 000 层！为了达到 1 000 000 000 层，我们必须将 10 栋超绝巨型摩天大楼叠起来，这样才会建成"凯拉摩天大楼"：

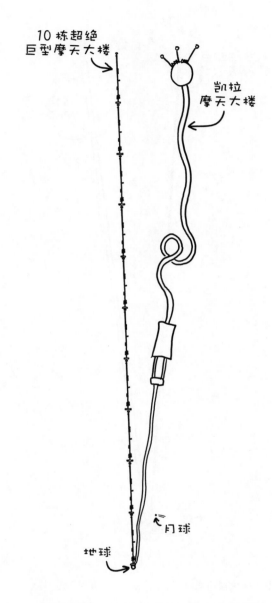

这栋凯拉摩天大楼几乎不可能被建造出来，因为你必须防止它撞上月球，或被地球的引力撕裂，或者倒塌并像杀死恐龙的大流星一样撞击地球。

但有些工程师的想法和你想建的塔差不多——他们想建一部太空电梯。这部电梯没有你的摩天大楼**那么**高（电梯只有地月距离的一半高），但已经很接近了！

有人认为我们可以建成太空电梯，有人则认为这想法荒谬至极。我们现在还建不成这样的电梯，因为有些问题还无解，比如如何使塔楼足够坚固，以及如何为塔楼里的电梯供电。如果真想建一座摩天巨塔，你可以多了解一下工程师们正在研究的这些问题，并成为解题人之一。也许有一天，你真的可以建成一栋通向太空的大楼。

当然可以肯定的是，这栋楼绝对不是用花生酱做的。

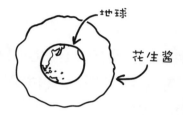

23 2×10^{36} 美 元 的 诉 讼

$2 UNDECILLION LAWSUIT

Q. 如果咖啡烘焙连锁店 Au Bon Pain[1] 在 2014 年的诉讼中败诉，并需要向原告支付 2×10^{36}（2 unde-cillion）美元，怎么办？

—— 凯文 · 安德希尔

A. 2014 年，咖啡烘焙连锁店 Au Bon Pain（以及其他一些组织）遭到起诉，被要求赔偿 2×10^{36} 美元的损失。诉讼很快就被驳回了，可能是因为在此之前一众法律人士不得不去查询了 "undecillion" 这个词。

以下是原告要求的赔偿金额：

$2,000,000,000,000,000,000,000,000,000,000,000,000

根据波士顿咨询公司 2021 年的一份报告，全球财富总额是：

$250,000,000,000,000

$2,000,000,000,000,000,000,000,000,000,000,000,000

---

1 译注：Au Bon Pain，美国覆盖率极高的咖啡烘焙连锁餐厅。

人类首次进化以来生产的所有商品和提供服务的经济价值，粗略估计是这个数字：

$\longleftarrow \cdots \cdots \cdots \cdots \longrightarrow$ **\$3,100,000,000,000,000**
\$2,000,000,000,000,000,000,000,000,000,000,000

即使 Au Bon Pain 征服了地球，勒令每个人从现在开始为他们工作，直到太阳灭亡，也偿还不了多少账单上的数额。

也许只是人类还不够值钱。美国环境保护署（EPA）目前将"统计生命价值"[2]计为 970 万美元，尽管他们一直不遗余力地声明这不是对任何现实人命价值的统计[3]，但无论如何，按照他们的算法，全世界所有人类的价值只有约 75 万亿美元[4]。

但人类并不是地球的全部。在地球的所有原子中，每 10 万亿个原子只有 1 个来自人类，也许还有其他值钱的东西。

地壳包含很多原子，其中一些可能值点儿钱。如果你把地壳中的所有元素提纯[5]，然后出售它们，市场就会崩溃[6]。如果你设法能以当下的市场价出售它们，就值——

$\longleftarrow$ 接近了 $\longrightarrow$ **\$1,600,000,000,000,000,000,000,000**
\$2,000,000,000,000,000,000,000,000,000,000,000,000

奇怪的是，这些价值并不来自黄金或铂金之类，这两种金属很值钱，但也很稀有。大部分价值来自钾和钙，其余大多是钠和铁。如果你正打算把地壳当废品卖，就应该把重点集中在刚才提到的这几种元素上。

很遗憾，即使把地壳当废品卖，我们也无法接近赔偿所需的数目。

我们可以把地核也算进去，地核由铁和镍以及少量贵金属构成，但这到底也没有太大用处。诉讼要求的金额实在太高了，哪怕是卖掉纯金制成的地球，或者铂金制成的太阳，也都不够偿还。

如果按重量计算，能在自由市场上买卖的最有价值的东西或许是"瑞典黄色 3 先令"，这种邮票目前仅存一张，2010 年曾卖出 230 多万美元的价格。如此算来，每

2　译注：统计生命价值（Value of a Statistical Life，VSL）为人们的支付意愿（Willingness To Pay，WTP）与死亡风险降低，或人们接受补偿意愿（Willingness To Accept，WTA）与死亡风险增加之间的比值，即人们在降低死亡风险与付出成本或增加死亡风险与接受补偿之间面临的权衡取舍。
3　我无意间注意到，他们并没有说未来这个数会更高还是更低。
4　世界石油总储量的经济价值只有几百万亿美元，看来纯粹从会计角度看，"不能为了石油而流血"的口号很有道理。
5　实际上这个想法没有任何意义。许多元素（如"铀-235"）之所以值钱，不仅因为它们稀有，还因为它们很难被制造或提纯。
6　一方面是因为大量的供应将导致这些金属的价格崩盘，另一方面是因为金属交易市场位于地幔上方 20 英里处，而你刚刚移除了支撑市场的地壳。

千克这种邮票至少价值 300 亿美元，即便卖掉和地球重量相当的邮票，**仍然**不足以偿还 Au Bon Pain 的债务 [7]。

如果 Au Bon Pain 和其他被起诉组织决定故意刁难一下，则可以用便士偿还所有债务，这些便士将形成一个水星轨道大小的球体。归根结底，从任何意义上讲，支付这笔和解款都是不可能的。

幸运的是，Au Bon Pain 有更好的选择。

提出这个问题的凯文是一名律师，也是幽默法律博客"降低门槛"（Lowering the Bar）的作者，他在博客里报道了 Au Bon Pain 案件。凯文告诉我，如果按小时计算，世界上薪酬最高的律师可能是美国前讼务副部长特德·奥尔森（Ted Olson），他曾在破产申请文件中透露自己每小时收费 1800 美元。

假设银河系有 400 亿颗宜居行星，每颗行星都有和地球人口数一样的 80 亿个特德·奥尔森。

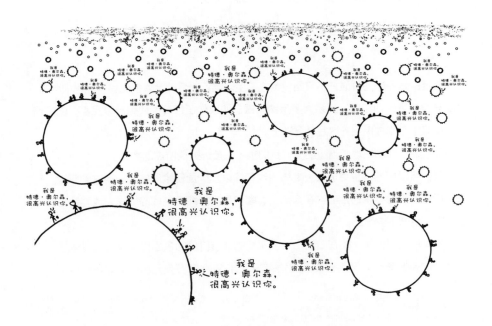

7　此外，如果真有一堆地球那么重的邮票，这些邮票可能就不会那么值钱了，但这只是 Au Bon Pain 最不需要担心的问题。

如果你被起诉赔偿 2×10^{36} 美元，你可以雇用银河系里的所有特德·奥尔森为你辩护，让他们每周工作 80 小时，一年工作 52 周，持续一千代……

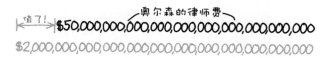

……也仍然少于你打官司输掉的钱。

24 恒星所有权
STAR OWNERSHIP

Q. 如果领空可以无限延伸，哪个国家会拥有最多星系？

——鲁文·拉扎勒斯

A. 恭喜澳大利亚，银河系的新统治者。

澳大利亚的国旗上有许多符号，比如代表南十字座的五颗星。根据这个问题的答案，也许国旗设计师的想法应该更大胆些。

南半球国家在恒星所有权方面占据优势，因为地球地轴相对于银河系是倾斜的，北极通常指向远离银河系中心的方向。

以前的国旗

提议的新国旗

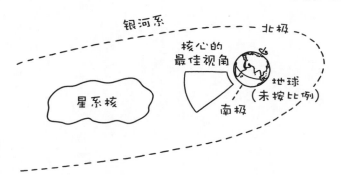

如果每个国家的领空无限向上延伸，银河系中心将始终在南半球国家的控制之下，随着地球自转每天变换着主人。

巅峰时期，澳大利亚将拥有比任何国家都多的恒星，银河系中心的超大质量黑洞每天都会进入布里斯班南部布罗德沃特小镇附近的澳大利亚领空。

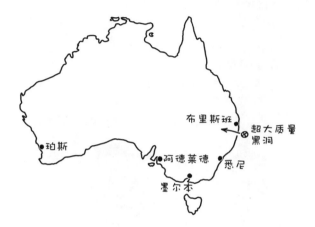

约一小时后，几乎整个银河系中心和相当大一部分的星系盘都将落入澳大利亚的管辖范围。

在一天中的不同时间里，银河系中心将穿过南非、莱索托、巴西、阿根廷和智利。至于美国、欧洲和亚洲的大部分地区，只能勉强收获星系盘的外围区域了。

不过北半球获得的并不只是边角料，外星系盘里也有一些很酷的东西，比如天鹅座 X-1，一个正在吞噬超巨星的恒星级黑洞[1]。每天，当银河系中心穿过太平洋时，天鹅座 X-1 就会进入美国北卡罗来纳州上空的领空。

虽然拥有一个黑洞很酷，但数百万个行星系统也会不断进出美国领地，从而造成一些问题。

大熊座 47 至少有三颗行星，还可能更多。如果这些行星上有生命，那它们每天都会经过美国一次。严格来说，这意味着每天都有那么几分钟，这些行星上的任何谋杀都发生在新泽西州。

让新泽西州法院感到庆幸的是，在海拔 12 英里以上的高度通常被视为领空的"公海"。根据美国律师协会 2012 年冬季出版的《海事和海洋法委员会通讯》，发生在这个高度以上的死亡，包括太空中的死亡，理论上按 1920 年出版的《公海死亡法》（DOHSA）处理。

但是，如果大熊座 47 星系的外星人正在考虑根据《公海死亡法》向美国法院提

---

1 "天鹅座 X-1 是不是黑洞"是天体物理学家斯蒂芬·霍金和基普·索恩的著名赌注。在职业生涯的大部分时间里，霍金都在研究黑洞，他打赌天鹅座 X-1 不是黑洞。他认为如果黑洞被证实是不存在的，那他至少会赢得这场有关天鹅座 X-1 的打赌，作为自己的一项安慰奖。最后，幸运的是他输了。

起诉讼，它们会大失所望，因为《公海死亡法》有 3 年的诉讼时限要求，但大熊座 47 距离地远在 40 光年之外……

……所以它们实际上不可能来得及提出指控。

25 橡 胶 轮 胎
TIRE RUBBER

Q. 数百万辆轿车和卡车的橡胶轮胎都有轮胎面从大约 1/2 英寸厚开始，到最后被磨秃的经历。如此看来，橡胶应该无处不在，或者高速公路至少会变厚一点儿。橡胶去哪里了呢？

—— 弗莱德

A. 这是个好问题。所有橡胶终将有**去处**，不过这些去处听起来都不太好。

这些橡胶到底去哪儿了？

我们可以通过简单的计算来估计，从一个新轮胎到磨损的"秃"轮胎之间损失了多少橡胶：

损失的橡胶 = 轮胎直径 × 胎面宽度 × π × (新轮胎厚度 − 旧轮胎厚度) ≈ 1.6L

这可是一升多橡胶，着实不少，可能占轮胎总体积的 10% 至 20%。

如果一个轮胎在报废前行驶了 60 000 英里，就意味着它在行驶过程中沿途留下了相当于

一升轮胎橡胶

一个原子直径那么厚的橡胶条。实际上，橡胶的脱落并不均匀，它经常以小颗粒和团块的形式脱落，偶尔会一次性脱落一大片。如果司机猛踩刹车并使车子打了滑，轮胎通常会在路上留下一条"厚"到肉眼可见的橡胶痕迹。

在特别繁忙的高速公路上，每条车道每小时有 2000 辆汽车驶过，如果所有脱落的橡胶都留在车道表面，这条路将每天增高约 1 微米，或每年增高 1/3 毫米。

如果轮胎橡胶真能粘在路面上，至少从环境保护角度看是个好消息，但大多数情况下并非如此。正常驾驶中脱落的橡胶颗粒通常很小，能够飘浮在空中，或被风、雨和其他车辆带离道路。这些橡胶颗粒从公路上飘散，最终进入空气、泥土、河流、海洋、土壤和我们的肺。

我说过了，肺是用来呼吸空气的！

吸入这些橡胶颗粒对我们的身体不好，其对环境也有害。轮胎橡胶颗粒也是河流和海洋中微塑料的主要来源，它们影响水的化学成分，经常被海洋动物吞食。针对这些微塑料影响的研究正在进行，例如 2021 年的一项研究就将西北太平洋鲑鱼的死亡与雨水径流中轮胎橡胶的一种化学性质联系起来。

处理轮胎橡胶废料是一个大难题，我们已经减少了环境中塑料颗粒的其他来源，比如许多国家已禁止化妆品中使用塑料微珠，但轮胎脱落问题似乎没有快速解决的办法。

　　有一些可以减少环境中轮胎橡胶的想法，比如更好地过滤道路雨水径流；再如，找出轮胎中有哪些不好的化学物质并寻找替代品，这似乎听起来也是一个好主意；还有一些研究小组提出了在橡胶颗粒离开轮胎时捕获它们的机制。

　　如果你有任何想法，这绝对是个可以产生一两个新突破的领域！

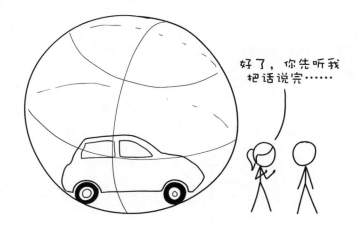

26 塑料恐龙
PLASTIC DINOSAURS

Q. 塑料的原料是石油，石油的原料是死去的恐龙，那么塑料恐龙中有多少是真正的恐龙呢？

—— 史蒂夫·利德福德

A. 我不知道。

煤和石油之所以被称为化石燃料，是因为它们是由埋藏在地下的生物残骸经过数百万年形成的。"地下石油由哪种死亡生物演变而来"的标准答案是"海洋浮游生物和藻类"。换句话说，这些化石燃料中没有恐龙化石。

但这并不完全正确。

我们大多数人只看到石油的精炼形态——煤油、塑料和从加油枪中喷出来的汽油，因此很容易将石油想象成某种均匀的、黑色的、多泡的物质，并认为它在任何地方的形态都是一样的。

但化石燃料也有诞生的"指纹"。煤、石油和天然气的各种特性取决于形成它们的生物体是什么，以及生物体组织随时间发生了哪些变化，比如它们所居何处、如何死去、遗骸在哪里、经历了什么样的温度和压力。

死去的物质携带的化学印记表明了它们的历史——数百万年间经历的各种方式的改变和混杂。我们把它们挖出来后，花了大量精力剥离这些故事存在的证据，将复杂的碳氢化合物提炼成均匀的燃料。当我们燃烧这些燃料时，这些故事最终被抹去了，释放出原本被束缚其中的侏罗纪阳光，为我们的汽车提供动力[1]。

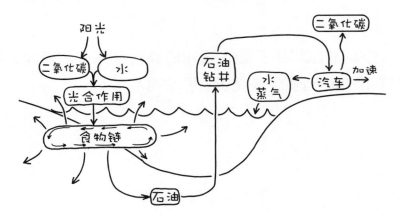

岩石承载了复杂的故事，有时候岩石的碎片会缺失或被丢弃，或被改变成误导我们的样子。学术界和石油界的地质学家们都在耐心重建这些故事的不同方面，并弄清楚这些证据想告诉我们什么。

大多数石油确实来自埋藏在海底的海洋生物，这也就说明这些生物大多不是恐龙。但我们的燃料中含有恐龙幽灵这一富有诗意的想法在某种程度上也是正确的。

石油的形成需要一些条件，包括在低氧环境中快速埋藏大量富氢有机物。这些条件最常见于大陆架附近的浅海，在那里，来自深海营养丰富的周期性上升流使浮游生物和藻类大量繁殖，这些水华[2]生物很快燃尽生命，并以海洋雪[3]的形式落到缺氧的海底。如果它们被迅速掩埋，最终就可能形成石油或天然气。与此相对，陆地生物更有可能形成泥炭，最终变成煤炭。

1　通过光合作用，生物体利用阳光将二氧化碳和水结合成复杂分子。我们燃烧石油，最终让二氧化碳和水返回大气，释放出储存了数百万年的二氧化碳。这会带来一些后果。
2　译注：指水体中某些藻类过度生长所产生的现象。
3　译注：在深海中，由有机物所组成的碎屑像雪花一样不断飘落被称为海洋雪。

就像画里这样：

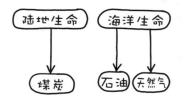

油气的形成是一个步骤繁杂的过程，受很多因素的影响。大量有机物质被冲入海洋，虽然大部分不会成为产油沉积物，但其中还是有一些会，比如澳大利亚似乎就有很多陆地油田资源。这些油田大部分来自植物，但肯定有些来自动物[4]。

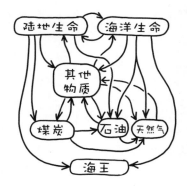

无论你手中的塑料恐龙来自哪里，里面只可能有一小部分石油来自真正的恐龙尸体。如果它来自一个中生代的油田，由大量的陆地物质组成，那么可能含有更多恐龙；如果它来自盖层下中生代之前的油田，就可能根本不含有恐龙。如果不仔细追踪你手上玩具制造过程中的每一步，就无法知道这些信息。

4 值得注意的是，虽然大多数恐龙是陆生，但有一些恐龙，比如棘龙，是部分水生的。

　　从更广义上看，海洋中的水在某种程度上都是恐龙的一部分。这些水参与光合作用时，其中的分子会成为食物链中脂肪和碳水化合物的一部分，但**更多**分子是以水的形式存在于你现在的身体中。

　　换言之，你塑料玩具中恐龙的含量比你身体中的恐龙含量少多了。

一些恐龙　　更多恐龙　　全是恐龙

快问快答（三）

Q. 两个人要持续接吻多久才能让嘴唇消失？

—— 阿斯利

A. 想想你自己的嘴唇是什么样的，如果它能被压在上面的其他嘴唇磨损，你的嘴唇早就消失了。

有没有想过你的上嘴唇和下嘴唇是如何接吻的？

Q. 我和大学朋友多年来一直在争论：如果把一百万只饥饿的蚂蚁和一个人放在一个玻璃立方体里，谁更有可能活着出去？

—— 埃里克·鲍曼

A. 人们总喜欢假设把两只动物像这样放在一起，它们就会拼死一搏的场景，这是一种非常宝可梦化的生物学观点。我认为人类和蚂蚁受到来自玻璃立方体的威胁要大于来自彼此的威胁，如果他们都逃走了，我想会有危险的是你和你的朋友。

Q. 如果全人类抛开分歧，共同努力将地球平整成一个完美的球，会发生什么？

—— 埃里克·安德森

A. 你可能会发现，这个计划很快会引发一些新分歧。

Q.

人们经常谈论太空电梯，或者建造一个能抵达低轨道的建筑，这样可以节省进入太空的时间和资源，听起来愚蠢极了，但为什么没有人提议建造一条通往太空的道路呢？既然卡门线（被认可为外太空与地球大气层的界线的分界线）位于 62 英里（约 100 千米）高处，那有可能在美国某处建造一座 62 英里高的山吗？我建议在科罗拉多州实施这个方案，因为那里的人口密度很低，而且本身就高出海平面约 1 英里。

—— 布莱恩

A.

一座 62 英里高的山，其体积有几百万立方千米之大，大约相当于一块北美面积大小、厚 100 米的石板。所以问题是，你准备**用什么**建造它？

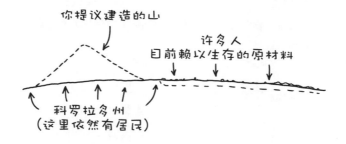

你提议建造的山

许多人
目前赖以生存的原材料

科罗拉多州
（这里依然有居民）

Q.

如果我发射一枚火箭和一颗子弹穿过木星中心，它们会从木星的另一边出来吗？

—— 詹姆斯·威尔森

A.

不会。

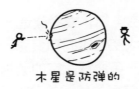

科学证明：

木星是防弹的

Q. 如果珠穆朗玛峰神奇地变成流淌的熔岩，那么地球上的生命会发生什么？我们都会死吗？

——伊恩

A. 并无大碍。

地球表面确实不时会冒出许多熔岩，这种喷发对生物来说是个坏消息，这些喷发会形成被称为"大火成岩省"[1]的巨大石板。化石记录中有五次大规模灭绝，五次[2]都伴随着大量熔岩喷涌到地表。

"咕隆"是一个科学术语吗？

我们通常称之为"热岩浆咕隆喷发事件"或"超级咕隆"。

1　译注：大火成岩省（large igneous provinces，LIPs）指连续的、体积庞大的由镁铁质火山岩及伴生的侵入岩所构成的岩浆建造。
2　著名的恐龙灭绝是由彗星撞击到现在的墨西哥引起的，同时也伴随着这种喷发，形成了现在印度的德干地盾。在太空小行星撞击地球之前，喷发已经发生了，在碰撞的时候情况则变得更糟糕。科学家们仍在争论这两个事件是如何联系在一起的，以及分别对物种灭绝产生了多大影响。灭绝似乎主要发生在撞击的那一刻，所以这绝对是关键，所有的火山岩浆都影响不大。

眼睛在大约 5 亿年前被进化出来，在那个时候，二叠纪灭绝可能是它们见过的最糟糕的事情。在现在的西伯利亚地区，熔岩大规模喷发，向大气注入了大量二氧化碳，导致气温飙升，海洋缺氧酸化，毒气云在陆地上翻滚。大部分植物从陆地上消失了，地球只剩一片荒凉的沙地，万物几乎毁于一旦。

二叠纪灭绝中约有 100 万立方千米的熔岩喷发，相比之下，珠穆朗玛峰的体积以数千立方千米为单位，当然这取决于你如何定义珠穆朗玛峰。由于这个数值与那些大火成岩省相比很小，因此你在问题中的设想可能不会导致二叠纪的那种大规模灭绝。

当然，人类出现的时间并不是很久，即使是二叠纪灭绝糟糕程度的百分之一，也可能是我们所经历过的最糟糕的事情。我个人不会冒这个险。

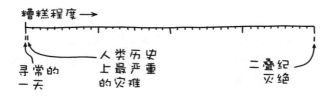

Q. 人会掉进马里亚纳海沟³吗，或者可以游过去？

—— 鲁道夫·埃斯特雷拉

A. 这两件事你都可以做。

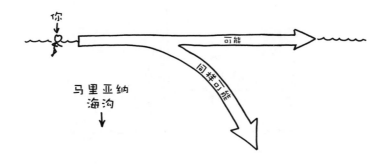

---

3 译注：位于太平洋西部，是世界上最深的海沟，最深处超过海平面下 1 万米。

Q. 我玩《龙与地下城》[4]时，地下城主不想让我们使用"阵风"法术把风推到船帆上让它移动。她的论点是，你不能用这个咒语来推动船只，因为帆船上的人不能用风扇对准帆来推动船只。我们认为，既然你使用咒语时咒语不会将你向后推，那么我们应该能够使用它使船航行。她回复说只有你也认同这个观点，她才会允许我们这样做。

——乔治·帕特森和艾莉森·亚当斯

A. 当然，法术就是法术，所以不管地下城主怎么说，它都是有效的。也就是说我同意你。如果你使用咒语时，咒语并没有将你向后推，那么它要么推掉了其他东西，要么根本不遵守物理定律，因此它没有理由推不动船。

此外，如果在你使用咒语时咒语确实将你向后推了，你仍然可以用它去推动船。无论如何，风扇应该能够推动船只。

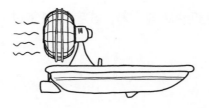

你只需要将咒语向后瞄准就行了。

4　译注：《龙与地下城》是由 TSR 开发的一款桌上角色扮演游戏，于 1974 年发行第一版。

Q. 如果我在泰坦星[5]上划了一根火柴，火柴会在没有氧气的情况下点着吗？

—— 伊森 · 菲茨吉本

A. 它会发出火花，然后熄灭。

氧化剂（通常是氧气）与燃料发生反应时就会发生燃烧，为了使反应进行，火柴含有少量的燃料和氧化剂[6]，火柴被点燃时它们会混合在一起并发生反应。这种反应一发生，后面就由大气中的氧气接手了。

泰坦星上的大气由甲烷和氮气构成，所以一旦氧化剂耗尽，火柴就会熄灭。

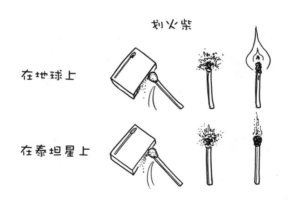

划火柴

在地球上

在泰坦星上

Q. 我在社交媒体上提出了一个问题：什么是引发最大灾难的最小变化？得到的一个回答是"如果每个原子都得到一个质

5　土卫六（Titan，又称为泰坦）是环绕土星运行的一颗卫星，是土星卫星中最大的一个，也是太阳系中第二大卫星。
6　火柴中最常见的氧化剂氯酸钾在加热时会产生氧气，有时还用作可呼吸空气的应急来源。商用客机上的氧气面罩通常与氯酸钾块相连。当面罩掉下来时，一根插销会被拔出，化学反应会加热氯酸钾产生氧气。

子"。所以我想问你的问题是，每个原子得到一个质子会发生什么？

——奥利维娅·卡普托

A.

27 吸力水族馆
SUCTION AQUARIUM

Q. 当我还是孩子的时候，我发现把一个容器拿到游泳池里装满水，然后开口朝下立在水面上，容器里的水面高度就会比游泳池高。如果用一个大容器在海里做同样的事，会发生什么？可以在海上建一个大水族箱，让动物自由进出吗？也许容器是不规则形状的，这样你就可以漫步其上，近距离观赏鱼儿。

——卡罗琳·科莱特

A. 这有可能行。

当你把底部敞口的容器从水里提起来时，它会把水吸上来。

新潮的水族箱造景师有时会设置与此类似的凸柱，他们称之为"反重力"水族箱。你也可以在海里做同样的事。

我们假设你要试试。

首先，我们用玻璃建一个大围栏放入海中，封住顶部，然后把它提起来，将1米高的水柱抬出水面。

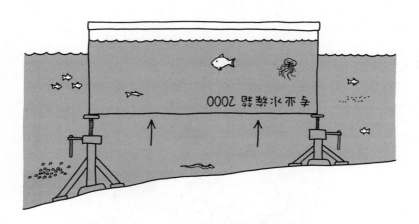

　　水面之所以能保持在海平面之上是由于"吸力",也就是说,容器内的水上方没有气压把水往下推。物理学家会说,是海洋其余部分的气压将水向上推,而不是水柱内部有什么吸力将水向上吸。这是事实,但即使明白这一点,有时你还是更容易把它想象成吸力,我觉得这没问题,别让物理学家听到就好。

　　海平面的水处于正常大气压力下,水越深,压力就越大,"吸"[1]意味着水柱中的水低于正常大气压。你的水族箱中,也就是高于海平面1米的部分,压力略低于90%的大气压,与丹佛等高海拔城市的气压类似。如果你分别在水族箱内外游泳,应该不会注意到其中的压力差,因为耳朵会自行适应压力的变化。

　　你可能不会注意到,但鱼会。海洋生物对压力的变化非常敏感,在水中上下游动一小段距离,压力就会迅速变化。许多鱼用鱼鳔控制浮力,并帮助它们在水中保持垂直。当上下游动引发浮力变化时,鱼类必须改变游泳的方式来抵消浮力变化,直到鱼鳔调整完毕。

　　即使是没有鱼鳔的海洋生物(比如鲨鱼)也会注意到压力的变化。2001年,当热带气旋接近佛罗里达州海岸时,海洋生物学家观察到黑头鲨在风暴来临前冲向公海,可能是为了躲避汹涌的海流和浅海的巨浪。海洋科学家米歇尔·霍伊佩尔及其同事的研究表明,鲨鱼并没有对风或海浪做出反应,而是在感觉到气压低于季节正常水平时才开始撤离。

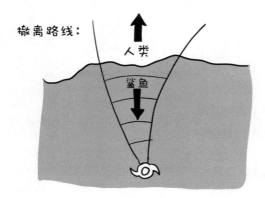

　　　　撤离路线:
　　　　人类
　　　　鲨鱼

----

1 嘘。

鱼可以在 90% 的正常海平面气压下存活，所以可以在你高于海面的水族箱里游泳，尽管它们可能会对不断变化的压力感到迷惑，但不会因此受伤。也许它们会把压力的降低误认为是飓风将至。

1 米长的水箱足以让我们观察到一些有趣的海洋生物，但如果想来点儿更酷的，比如臭名昭著的大白鲨，你需要把水箱建得更高。至于现在的水箱，连一条普通大白鲨的背鳍都容纳不下。

蒙特雷湾水族馆[2]里最大的装置是一个由 35 英尺（约合 11 米）深的水箱做成的"开放海"（Open Sea）。你可能会觉得，如果能把自己的鱼缸加深到 35 英尺就太酷了，这样即便是最大的鲨鱼，也有足够的空间让你炫耀一下。

不过效果并不会太好。

2 译注：蒙特雷湾水族馆是美国最大也是世界最好的水族馆之一，滨海而建。

将水抬升起来的"吸力"来自压在海洋表面的空气重量，这个压力不足以将水抬升 10 米以上。当水面升到接近 10 米时，不管你把水箱抬升到多高，水面都不会再升高了。相反，水箱顶部会形成真空，水面会在低压下开始沸腾。

如果你不知道你待的地方的气压是多少，可以通过观察柱中水面的高度来计算，这就是许多气压计的工作原理，不过通常人们使用水银而不是水，水银比水重，所以液柱会更短（顶部水银也不会因沸腾而蒸发）。当你看到以"英寸汞柱"或"毫米汞柱"为单位的压力数值时，你就知道人们正在测量"吸汞水族箱"中水银的高度。

你的水族馆将是一个糟糕的气压计，因为顶部沸水产生的蒸汽会充满真空，让水面微微下降，读数也不再准确。此外，它也不是什么好水族箱。

鱼在箱中向上游时会发现鱼鳔过度膨胀，导致它们无法控制地上浮。河流工程师偶尔会使用虹吸管，让水利用吸力克服重力越过屏障。有时鱼会误入歧途，当虹吸管将鱼抬升到高于正常水面 5 英尺（约 1.5 米）或 10 英尺（约 3 米）时，压力的剧变会对鱼造成严重甚至致命的伤害，类似于生活在深海的鱼被过快带到水面而受到的伤害。

对任何不幸游入其中且靠空气呼吸的哺乳动物来说，吸力水族箱也是危险的。当它们试图浮出水面时，肺部的空气会膨胀，这时如果不呼出气体，它们的肺部就可能受到损伤。但当它们接近箱中水面时，那里的空气又稀薄到无法呼吸，就和珠穆朗玛峰"死亡地带"[3] 的空气一样。

3　译注：珠穆朗玛峰海拔 8000 米以上至顶的这一段是危险地段，此地段空气非常稀薄，氧气含量不足以维持人类生命。

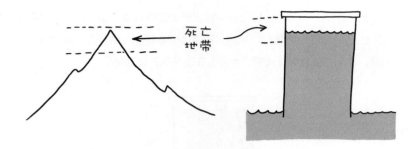

　　还好这个水族馆很难建造，悲剧得以避免。但困难是暂时的！如果你真的尝试了，会发现箱中水位随着时间的推移而下降。这是因为水中含有溶解氧，当压力降低时，水族箱中的氧气会从水中分离出来，并逐渐充满顶部的空间，导致压力上升，"吸力"减弱。随着时间的推移，水会缩回海洋。

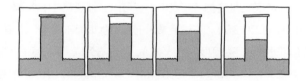

　　其他气体来源也可能会加速这一过程。呼吸空气的海洋哺乳动物有时会在游泳时排出气体，比如鲸类可能会游到你的水族箱下方。

　　换句话说……

……你的水族箱可能会被鲸的屁摧毁。

28 地球眼
EARTH EYE

Q. 如果地球是一只巨大的眼睛，它能看多远？

——阿拉斯代尔

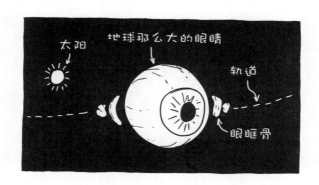

A. 这只地球那么大的眼睛会有直径几千千米的瞳孔，它戴的隐形眼镜将凸出到大气顶部，一滴眼泪就是地球上的一片海。

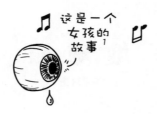

　　这只地球大小的眼球可看不了东西。光线无法穿过那么多玻璃体，因此视网膜将是一片黑暗。晶状体也会因重力而扭曲变形，导致眼球无法聚焦。在按比例放大视网膜时也会遇到问题：如果你让单个细胞更大，它们将无法探测到可见光的波长。

　　为了避免这些问题，让我们想象这只地球眼的工作原理与普通眼球的放大版相似：瞳孔和视网膜面积按比例增大，但透明度和形状与普通眼球相同。这只眼睛能看得非常清楚。望远镜的分辨率取决于聚光口的大小，这就是为什么长焦镜头相机比手机相机更能放大拍摄物。这只眼睛巨大的瞳孔和晶状体将赋予它强大的聚光能力。

　　只要晶状体没有缺陷和色彩失真，它所能看到的细节程度就主要受限于衍射，也就是由光的波动性质引起的模糊，衍射极限与聚光孔径成正比。

$$角分辨率 = 1.22 \times \frac{光波长}{晶状体直径}$$

$$可见距离 = \frac{目标尺寸}{角分辨率}$$

　　假设我们看向一件印有圆点且圆点之间相距 5 厘米的衬衫，经过可见距离公式的计算，如果从 200 米开外的地方看衬衫，你不会看到单个圆点，衬衫看起来就像一件纯色织物。

近处看到的衬衫　　　　200 米外看到的衬衫

1　译注：来自 Nine Days 乐队的歌曲《绝对（一个女孩的故事）》（*Absolutely*），歌词为"这是一个女孩的故事，眼泪流成河，淹没整个世界"。

"地球眼"理论上的分辨率是正常眼睛的 5 亿倍。如果只受衍射限制,那么当宇航员在火星上穿着衬衫时,这只眼睛将能分辨衬衫是有图案的还是纯色的。

理论上,这台地球眼望远镜能够阅读放在月球表面的印刷品,也能看到围绕半人马座阿尔法星运行的系外行星表面的大陆形状。

"地球眼能看多**远**"其实很容易回答,就像詹姆斯 · 韦布空间望远镜一样,它几乎可以看到整个宇宙。来自可观测宇宙中最遥远之处的光线由于空间的扩张而被拉伸,因此大部分光线向红外线方向转移,但地球眼能清晰地看到一些非常遥远的星系。

但由于空间本身迷雾重重,眼球可能无法分辨出这些星系的细节。

受到大气湍流的限制,地球上的大型望远镜看远处物体的图像会闪烁模糊,因为空气会扭曲它们反射的光线,这种波动需要复杂的自适应光学来抵消,并将望远镜的分辨率降低到理论衍射极限以下。在太空中图像会清晰得多,所以轨道望远镜能够在这些衍射极限下工作。

大气雾霾

对地球眼来说,太空可能是朦胧而动荡的。天文学家埃里克 · 斯坦布林(Eric Steinbring)2015 年的一篇论文指出,空间结构中的量子波动可能会扭曲来自遥远星

---

2 译注:蓝黑条纹在特定光线条件下会产生看似白金条纹的错觉。

系的光，就像地球空气扭曲来自遥远山脉的光一样。这种失真太小，不会影响目前太空望远镜的图像，但可能会影响更大的望远镜，也会模糊地球眼的视觉。

即使看到的东西很模糊，地球眼也比普通人眼看得更远。在视力良好和天空黑暗的条件下，正常人眼最远能看到的是仙女座星系或三角座星系，距离地球不到 300 万光年，还不到可观测宇宙边缘距离的 0.01%。宇宙的大部分太暗太远，我们窥探不到。

下图用三个点表示银河系、仙女座和三角座。如果你把这本书放在体育馆中央的地板上，可观测宇宙边缘就和体育馆的墙壁一样远。当你仰望夜空时，能看到的一切都在图中心的小圆圈里，其实就是巨大宇宙中的一个小口袋。

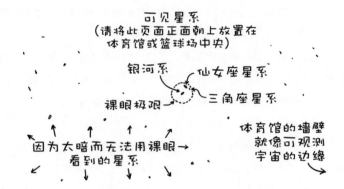

虽然大多数时候你的视野都局限在圆圈内，但偶尔也可以看到更远的东西。

2008 年 3 月 18 日至 19 日夜间，北美大部分地区多云，但墨西哥和美国西南部天空晴朗。如果那晚你在合适的时间仰望天空，则可能看到一个微弱的圆点出现在牧夫座，持续约 30 秒。这道光是约 100 亿光年外的一颗超大质量恒星坍塌时所发出的[3]，比仙女座星系还要遥远数千倍，它创造了肉眼可见已知最远天体的新纪录。

这些坍塌的恒星从自身的两极喷出能量，我们还不太清楚其中的原因。这次在牧夫座发生的伽马射线暴名为"GRB 080319b"，它的自转轴恰好指向地球，所以地球正位于喷流中，这就是为什么 GRB 080319b 远在百亿光年外都可以被我们看到。爆炸将一束如铅笔般纤细的光射向宇宙，就像宇宙激光笔直接对准我们的地球眼。

---

3 爆炸发生在大约 75 亿年前，但由于宇宙膨胀，它现在距离地球超过 75 亿光年。

在人眼看来，来自 GRB 080319b 的光相当微弱，但对于直径数千千米的瞳孔来说，可能会亮得令人目眩。事实上，所有可见恒星在地球眼看来可能都亮到无法直视，聚焦的星光可能会灼伤视网膜。大多数人都知道，直视太阳是危险的，但对于能够聚焦大量光线的行星眼来说，观察其他恒星也可能很危险。

29 一天建成罗马

BUILD ROME IN A DAY

Q. 要多少人才能在一天之内把罗马建好？

—— 劳伦

A. 人数不一定是问题的"瓶颈"。就像那个老掉牙的笑话，一个人怀孕生子需要九个月，但九个人并不能用一个月完成这件事。如果派很多人建造罗马，某一刻你终会迎来混乱无序的局面。

土木工程师丹尼尔·陈（Daniel W.M.Chan）博士与同事在 20 世纪 90 年代和 21 世纪初进行了一系列研究，他们利用香港建筑业的数据，根据项目总成本和实际规模提出了建筑项目完成所需时间的公式。

根据同等规模城市 GDP 和房地产价值粗略估算，罗马的房地产总价值可能为 1500 亿美元，如果假设（再强调一次，这是非常粗略的估计）罗马的建筑成本约为房地产总价值的 60%，即 900 亿美元[1]，代入陈博士的公式，得出建造罗马需要 10 到 15 年的时间。如果想在一天内完成，我们需要将速度提高 5000 倍左右。

加派人手可以提高速度，但到了一定程度，主要的问题就成了培训和协调人力，避免拉人拉货的卡车引发堵车。人们说"条条大路通罗马"，如果真的这样就好了，但地图上明明白白画着，世界上那么多道路和罗马都不属于一个大洲。

假设我们可以聚集全世界人口[2]，解决所有培训、协调和交通问题，那么只考虑人力的话，能以多快的速度建成罗马呢？让我们尝试几种不同方案，看看有没有一致的答案。

我朋友最近在给浴室换新的瓷砖地板，铺瓷砖的人工成本约为每平方英尺 10 美元。假设建造城市和铺瓷砖是一样的（虽然这个假设看起来有点儿离谱，但暂且忍一忍吧），罗马的面积是 1285 平方千米，也就是说需要花费 1400 亿美元，至少找我朋友的家装承包商是这样的[3]。如果每人每小时的报价为 20 美元，1400 亿美元可以支付 70 亿工时。如果全球有 80 亿人在工作，那意味着一个小时内就能完成。

1　观察几个美国城市我们可以发现，一个地区房产的总价值往往略高于该地区的年 GDP。例如 2018 年伊利诺伊州库克县（芝加哥）房产总价值估算为 6000 亿美元，当时该县的年 GDP 为 4000 亿美元。纽约市则拥有约 1.6 万亿美元的房地产价值和 1 万亿美元的年 GDP。罗马的年 GDP 略高于 1000 亿美元，那么房地产总价值可能约为 1500 亿美元。
2　将全世界人口聚集在一个地方是一个坏主意，正如《那些古怪又让人忧心的问题》一书中"大家一起跳"章节中曾提到的。罗马的面积是 1285 平方千米，这意味着我们要挤在每平方米站六七个人的环境里。连舒舒服服地站都不行，更别提从事建筑工作了。
3　如果罗马市政府想要他们的报价，我可以牵线搭桥。

让我们尝试换一种方案。如果采用基于 GDP 估算的 900 亿美元建筑成本，假设人力成本占建筑成本的 30%，那么按每小时 20 美元计算，建造罗马需要 13.5 亿小时的劳动力。全球有 80 亿人口，这样只需 10 分钟就能搞定。比上一个方案快一点儿，但仍在同一个大范畴里。

建造罗马所需时间

模型	结论	与真实的历史相比
浴室铺砖方案	50 分钟	25 000 000 倍快
根据 GDP 的估算方案	10 分钟	135 000 000 倍快

当然，把一座遍布纪念碑、历史艺术品和无价之宝的城市类比为瓷砖地板或现代公寓楼是愚蠢的，所以咱们再换个角度吧。

西斯廷教堂的天顶画是世界最著名、最具标志性的艺术作品之一。米开朗琪罗耗费 4 年时间创作了这一系列繁复的壁画，占地 523 平方米[4]。

假设米开朗琪罗每周绘画 40 小时，一年约 52 周，那么他的绘画速度是每 16 小时 1 平方米。按这个速度，要花 200 亿小时才能完成一部罗马大小的文艺复兴巨作。如果让 80 亿地球人做这件事，仅仅需要差不多两个半小时，也就是 150 分钟。

---

4 画家们喜欢说，如果他能使用涂料滚轮，一个周末就可以完成。

建造罗马所需时间

模型	结论	与真实的历史相比
浴室铺砖方案	50 分钟	25 000 000 倍快
根据 GDP 的估算方案	10 分钟	135 000 000 倍快
西斯廷教堂方案	150 分钟	9 000 000 倍快

这与我们将建造城市模拟为浴室铺砖得出的结论相差不大，而且再次表明从人力角度来看，一天之内建成罗马并非遥不可及。

当然，罗马不是一天建成的。首先，它已经建成了，如果你想再次建造它，当地居民会很生气。即使在其他地方建造，你也无法将每个人都安置在所需的空间里，为他们提供材料，并让他们按时完成任务。

除了分配任务，你还将面临诸多组织问题。西斯廷礼拜堂位于梵蒂冈城，虽然在罗马城内，但行政规划上并不是罗马的一部分，因此我们不清楚它是否被纳入劳伦的罗马建设项目。如果被纳入，那么绘制教堂天顶画的工作将由数千名不同的人分担。

对即将发生的艺术理念冲突，我表示有点儿期待。

30 马里亚纳海沟管道

MARIANA TRENCH TUBE

Q. 如果把一个直径 20 米且非常坚固的玻璃管放入大海，让它伸到海底的最深处，那么我站在管子的最底部会是什么感觉？假设太阳正好在我的头顶上方。

——佐基·库洛，加拿大

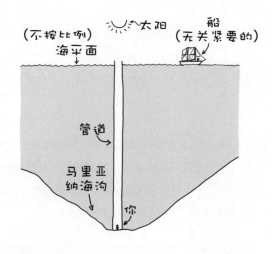

A. 你的这个管道比当今地球最深的矿井还要深 3 倍。深井里通常气压很高，空气很热。在你的管道里，热并不是问题，因为深井中的热量来自岩石，挖得越深温度就越高，但深海温度仅略高于冰点，所以你的玻璃管道壁会很冷，管道里面的空气也就很凉爽。

管道中的空气压力会高于海平面数倍，但这与周围的高水压无关——毕竟水被管道挡住了。真正的原因是离海平面太远。海拔每下降 6 千米，空气压力就会翻倍，所以在海里 10 千米深的地方，空气压力会比正常环境高出近 4 倍。幸运的是，人类可以轻松应对这种变化，高压舱已经是医学中的一种临床治疗手段，人们在此过程中承受的压力和在管道里差不多。需要注意的是，你从管道里上升的时候要慢一点儿，以免得上减压病[1]。

每年只有几天的时间太阳会掠过管口，大概在 4 月 20 日和 8 月 23 日。在这几天，有一两分钟里你能看得非常清楚。尽管只有一小部分太阳可见，但太阳如此明亮，强烈的光和热会让管道底部像光线充足的房间一样明亮。你头顶的稠密空气吸收和散射的光会比正常空气多一点儿，使太阳看起来稍微变暗，但并不会让人察觉。

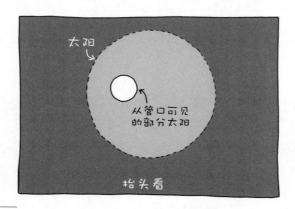

---

1 译注：减压病是由于高压环境作业后减压不当，体内原已溶解的气体超过了过饱和界限，在血管内外及组织中形成气泡所致的全身性疾病。

管道底部环绕在你周围的水域很黑暗。如果打开手电筒照射管壁，你可能会看到一片空旷的淤泥，偶尔会看到一些小动物，比如海参。这时你应该做些笔记，因为很少有人去过海沟底部，所以我们不知道那里的常见生物是什么。

太阳掠过之后，你将在黑暗中度过 6 个月，这时你可能想跳上电梯回到地面。

如果没有电梯，你可以尝试一个有趣的方式：在管道侧面打一个洞，然后静静等待。

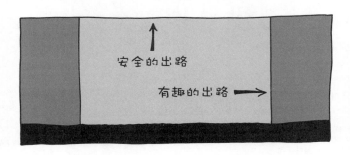

　　如果你决定这样做了，那请千万不要正对洞口，"挑战者深渊"[2]的巨大水压会使水以超声速的速度喷出洞口。

　　如果你完全打破管子底部让海水自由涌入，喷射而来的水柱速度能达到1.3马赫。如果你试图乘坐这道喷射流，你会无法承受水流初始冲击带来的剧烈加速。为了安全起见，你需要让管道以更慢、更可控的方式被充满。

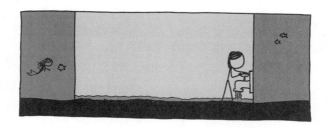

　　当管道底部最初一两千米被水填满时，你就可以完全打开底部而且避开危险的猛烈加速。如果你准备了一个能将所有的水隔在身下的大活塞，那么加速喷涌出来的水会在1分钟内把你从管子里推出。到达管口时，你将以500英里每小时的速度被海水喷泉高高喷出海面。

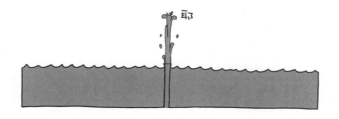

2　译注："挑战者深渊"是指太平洋马里亚纳海沟最深处约 11 000 米的地方。

令人惊讶的是，海水喷泉可能会一直喷涌下去。1956 年，海洋学家亨利·斯托梅尔（Henry Stommel）提出，由于海平面和深海之间温度和盐度的差异，如果用管子将海平面和深海连接起来并让海水通过其中，那么海水可能会无限流动起来。

管子不会创造"永动机"。持久的流动之所以成为可能，是因为海洋的表面和深处并不完全处于平衡状态，这归功于它们之间温度和盐度的微妙失衡。虽然管道内的水可以通过管道壁与周围环境达到相同温度，但它们无法平衡盐度。斯托梅尔的计算表明，管道可能会破坏平衡导致海洋混合。2003 年在马里亚纳海沟上方用 PVC 管进行的实验（没有一直延伸到海底！）证实了这种效应——可能导致水的缓慢交换。

一些人提议，这个实验可以用来冷却海洋表面从而减弱飓风，或用富含深海营养物的水促进作物生长，或用来处理废弃物。斯托梅尔本人却对此持怀疑态度。他在1956 年的论文末尾评论道，"现在推测这种现象尚未确认的实践意义似乎为时过早"，并指出"把它当作动力来源是没有指望的，它本质上仍是个罕见现象"。

31 昂贵的鞋盒
EXPENSIVE SHOEBOX

Q. 将 11 号[1] 鞋盒装满的最贵方法是什么（比如用一堆装满付费音乐的 64 GB Micro SD 卡填满）？

—— 里克

A. 鞋盒的价值上限似乎是 20 亿美元左右。令人惊讶的是，这个数字适用于各种可能的填充物。

≈ 2 000 000 000 美元
（加上鞋盒本身的价值）

　　用 Micro SD 卡填满是个好主意。假设你用每首 1 美元的歌曲填充，Micro SD 卡的容量约为每加仑 1.6 PB[2]。一个 11 码的男式鞋盒容量是 10 到 15 升，具体容量取决于鞋的品牌和类型，这意味着它可以容纳 15 亿首 4 MB 字节的歌曲。（如果你有特别支持的艺术家，也可以将一首歌复制 15 亿份。）

1　译注：美码 11 号鞋适用于脚长 29 厘米的人。
2　译注：PB（皮字节）是一个较大的数字容量单位，1 PB=1024 TB。

　　昂贵企业软件的费用与占用空间的比值通常略高，因为它们往往售价几千美元，同时也会占几个 GB 的空间。

　　一旦你开始考虑软件价格，可能就会想到通过加密货币或无限购买手机游戏道具将鞋盒的"成本"推高。然而，从理论上讲，手机里的 RPG 角色代表了你花大钱的结果，但无论如何很难直截了当地说这些角色价值 1 万亿美元。

　　所以还是考虑一下实物吧。

　　当然，可以用黄金。截至 2021 年，13 升的黄金价值约为 1400 万美元，铂金略高一些，为每鞋盒 1600 万美元，大约是 100 美元面值纸币价值密度的 10 倍。然而，一个装满黄金的鞋盒有一匹小马那么重，所以如果你想去购物，它可能不如 100 美元的钞票实用。

　　还有更贵的金属。一克纯钚约为 5000 美元[3]，此外，钚的密度甚至比黄金还高，这意味着你可以在鞋盒里装下 300 千克钚。

　　在你花费 20 亿美元购买钚之前请注意：钚的临界质量约为 10 千克。理论上你可以在鞋盒里装下 300 千克钚，但只有短短一瞬。

3　至少我在一些网络搜索结果中看到的是这个价格。还有一则消息，我被列入很多政府监控名单了。

优质钻石的价格也十分昂贵，但我们很难掌握它的确切价格，因为宝石市场非常复杂。"钻石信息"网（Info-Diamond.com）对一颗完美无瑕的 600 毫克（3 克拉）钻石的报价超过 20 万美元，这意味着一个装满完美钻石的鞋盒理论上可能价值 150亿美元，此外你还必须装入一些小颗钻石才能把鞋盒塞得满满当当，这些填补缝隙的钻石价值为 10 亿到 20 亿美元。

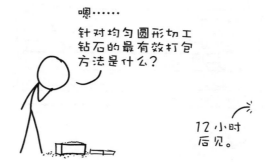

    按单位重量计算，许多非法药物比黄金更值钱。虽然可卡因的价格波动很大，但在很多地方它的价格都在 100 美元每克上下[4]，相比之下黄金的价值还不到它的一半。但是可卡因的密度比黄金低得多[5]，所以装满可卡因的鞋盒不如装满黄金的鞋盒值钱。

    可卡因不是世界上最昂贵的药物。LSD[6] 以微克为单位出售（它也是仅有常见的以微克为单位购买的物质之一），其单位重量价格大约是可卡因的 1000 倍。装满纯

4　更新：我现在位列剩下的政府监控名单之上了。
5　等等，可卡因的密度是多少？我花了一段时间阅读"直接情报留言板"上关于这个问题的一段非常认真且引文丰富的讨论，有几个人试图弄清真相。他们能够确定可卡因的沸点和在橄榄油中的溶解度，但最终放弃了对密度的计算，只推断可能是大约 1 千克每升，就像大多数有机物一样。
6　译注：麦角酸二乙基酰胺（LSD）是一种强烈的半人工致幻剂。

LSD 的鞋盒价值约 25 亿美元。疫苗中的活性成分通常以微克为单位，因此即使每剂疫苗的价格不贵，一鞋盒的 mRNA 或流感病毒蛋白也将价值数十亿美元。

在单剂量价格光谱的另一端，有一些并不是特别少，但非常昂贵的处方药。一剂布伦妥昔单抗维多汀（Adcetris）[7]的价格为 13 500 美元，装满它的鞋盒与装满 LSD、铱和 Micro SD 卡的鞋盒一样，价值 20 亿美元。

当然你可以遵守常规，就用鞋盒**装鞋**。

朱迪·嘉兰（Judy Garland）在《绿野仙踪》中穿的鞋子在拍卖会上以 666 000 美元的价格售出，而且与我们上面提到的其他东西不同，这种鞋在某种程度上来说更适合收藏起来。

如果你真的想往鞋盒里疯狂塞钱，可以让美国财政部给你铸造一枚面值数万亿美元的铂金硬币。铸造纪念币存在法律漏洞，不过严格来说，这也是经过授权的。[8]

但如果你愿意利用货币体系的法律权威为无生命体赋予价值……

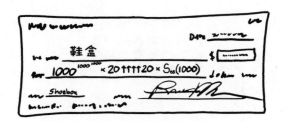

……你可以写张支票就完事。

7　译注：在晚期经典霍奇金淋巴瘤患者的标准化疗中添加抗体药物结合物布伦妥昔单抗维多汀，可以提高患者的整体生存率。
8　希望你读到这篇文章时，这个漏洞仍然只是奇怪的冷知识。

32 核磁共振罗盘
MRI COMPASS

Q. 为什么指南针不会因为核磁共振扫描仪（MRI）的磁场干扰指向附近的医院呢？

—— D. 休斯

....

A. 它们会的，并且这可能是个问题！

哦不！我收集的限量磁带、信用卡，还有铁屑！

核磁共振扫描仪里有强大的磁铁。扫描仪有屏蔽罩，因此磁场最强的部分藏在扫描仪内部，但较弱的磁场会延伸到周围，即"边缘磁场"。当你逐渐远离机器时，"边缘磁场"会很快逐渐递减，但在一定范围之内，它的影响仍然能够被感受到。

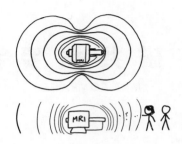

一款常见核磁共振扫描仪的说明书中提到，为了防止"边缘磁场"带来危害，一些物体应该远离机器，比如信用卡和小型电动机应该保持在 3 米距离之外，计算机和磁盘驱动器应在 4 米之外，心脏起搏器和 X 射线管应在 5 米之外，电子显微镜应在 8 米之外。

如果你试图靠指南针走到地球的磁场北极，核磁共振扫描仪的"边缘磁场"可能会让你偏离路线，但前提是你离它足够近。地球磁场的强度因地而异，但通常在 20 到 70 μT[1] 之间，在核磁共振扫描仪 10 米之外，"边缘磁场"的数值就开始低于这个区间，因此这大概是你能用"边缘磁场"捕捉到用指南针导航的人的最远距离。

---

1 译注：微特斯拉（μT）是描述电磁辐射大小的单位。

被捕获者的路径将从核磁共振扫描仪磁体的北极向南极弯曲：

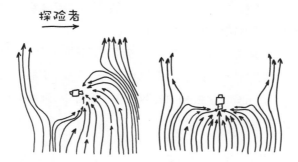

走向地球北极的某个人会被核磁共振扫描仪的南极吸引，这看起来可能令人困惑，
这是因为地球极点的命名和磁极是相反的。磁铁的"北端"指向地球北极，
这意味着地磁北极实际上是磁场南极，反之亦然。这点也让我非常恼火，
但我们都无能为力，所以还是继续吧。

如果有人从北美中部出发往地球北极的磁极走，而你试图通过一台放在加拿大某处的核磁共振扫描仪来捕捉他们，那么他们的路线被扫描仪偏转的可能性大约为 50 万分之一。根据加拿大医学影像目录，2020 年加拿大有 378 台处于运行状态的核磁共振扫描仪，这意味着如果将它们分散在加拿大各地，你可以创建一个磁铁网[2]，大约能在每 1300 名极点探险者中捕获 1 名，另外的 1299 人将抵达真正的地磁北极。因此即使真的有数百个核磁共振扫描仪，这也是一种效率极其低下的探险家捕捉法。

被核磁共振扫描仪
误导的探险家

抵达真正北极的探险
家（或者因暴露在辐
射粒子中而死去）

2　或简称"磁网"。

这一切并不像听起来那么不切实际。

虽然核磁共振扫描仪产生的磁场不够强，无法吸引来自全国各地手持指南针的探险家，但它们偶尔也在小范围里玩了类似的把戏。

美国交通部 1993 年的一份报告描述了一架医疗直升机在医院屋顶停机坪上降落时发生的事故。当直升机接近地面时，磁罗盘和一些相关设备突然显示直升机意外旋转了 60 度。好在飞行员忽略了错误的仪器读数并安全着陆，罪魁祸首原来是停放在直升机停机坪附近拖车上的核磁共振扫描仪。

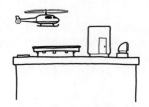

所以你不必担心远处的核磁共振扫描仪会影响你在森林中的指南针导航，但如果你在医院附近降落直升机，一定要保持警惕。

33 祖先分数
ANCESTOR FRACTION

Q. 我最近注意到，家谱的人数会随着每一代人的增长呈指数级增长：我有 2 个父母，4 个祖父母，8 个曾祖父母，等等。这让我思考：大多数人是否都是多数曾经活着的现代智人的后代？如果不是的话，我的祖先在所有生活过的人中占据几分之几？

—— 西姆斯

A. 你不是大多数人类的后代，虽然很难得到确切的数字，但你可能是其中 10% 人类的后代。

每人平均有两个父母，以及至少两个孩子（不包括全球人口下降时期）。这意味着我们的祖先和后代都呈指数级增长。从你开始，向前向后推移时间，与你相关的人会越来越多。每一个孩子都连接着两个家谱，每一个存活了几代以上的世系都会呈指数级增长，直到包括所有人。

我们的祖先也一样。你的每一个祖先都代表着两个家谱的合并，所以你往回计算得越久远，被包括在内的人就越多。在这个过程中，你的家谱可能会偶尔缩小（比如有一群祖先与世隔绝了很多代），但永远不会消亡。如果时间追溯得足够远，那么这种不曾间断的翻倍意味着最终会到达一个日期点，在这一点上，所有幸存的血统都会被吸收到你的家谱中；在这一点上，所有留下后代的人都是你的祖先，你和所有人都有相同的祖先。

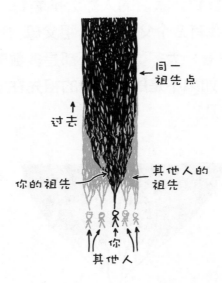

道格拉斯·L.T. 罗德及其同事在 2004 年的一项模拟中估计，"同一祖先点"可能出现在公元前 5000 年至公元前 2000 年间。在那一天，所有留下后代的人都是现在每个人的祖先。从那一天起，每一个世系要么消亡，要么已经扩展到囊括所有活着的人类，所以从那一刻起，所有活着的人类都拥有相同的祖先。

大多数有孩子的人最终都会为这个家谱做出贡献。罗德等估计，在人口中，60%有过孩子的人最终会永久留在家谱中，而能活到成年并生儿育女的人的比例是 73%。根据对过去儿童死亡率的研究，我们假设 55% 的人能活到成年，那么这意味着，在所有出生的人中大约 25% 的人会继续生育，并持续留下后代。

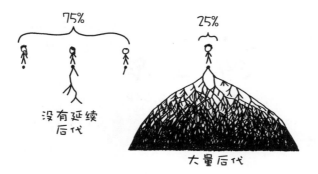

将这个数字与历史人口和估计的出生率相结合，得出的结果是大约 200 亿人生活在"同一祖先点"之前，这意味着大约 50 亿人是你的祖先。

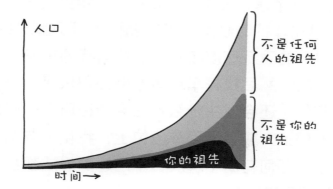

在"同一祖先点"之后，你的祖先集合不再与其他人的完全重叠，但仍然包括许多人。在"同一祖先点"之前，你的家谱就像一条"辫状河流"。只有在最后的一千年左右，它才会缩小成一棵家族树。在这段时间里，你可能又多拥有了 50 亿到 100 亿位祖先。

总而言之，你的家谱可能包括 1200 亿人口中的 100 亿至 150 亿人。这意味着按现在的日历，他们中的 3300 万人今天过生日。

除非今天是 2 月 29 日。

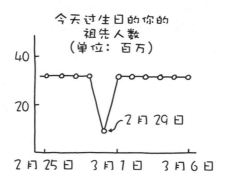

34 鸟车
BIRD CAR

Q. 我是一个挣扎在没空调车子里的贫穷大学生。正因为如此,我开车的时候基本都开着窗户,于是我开始思考:如果一只鸟的飞行速度和方向恰好与我的车速和行驶方向完全相同,然后我将车急转弯框住那只鸟……鸟除了会很生气外,还会发生什么? 它会待在原地? 还是会飞到挡风玻璃上? 或者坐到车座位上? 我和室友无法对此达成一致。任何有助于解决这个问题的想法都会让我和室友相处得更自在些。

—— 亨特·W.

A. 这就是那种看起来行不通的事,虽然我很不想说,但实话就是这有可能实现。这只鸟肯定会困惑和愤怒,但如果你在它意想不到的一刹那成功行动,它很可能会毫发无损地被你抓获。恭喜你有了新的宠物鸟。

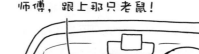

让我们看看急转弯捕鸟时发生了什么。

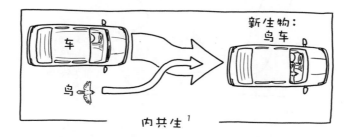

假设你和这只鸟都以 45 英里每小时的速度前行，当你急转弯试图框住它时，你们仍将以 45 英里每小时的速度行驶，鸟会待在车里。从鸟的角度来看，它以 45 英里每小时的速度迎风飞行，而你就在它的旁边盘旋。

为了以稳定的速度飞行，鸟类需要拍打它们的翅膀。一只快速飞行的鸟承受着很大阻力，它们通过拍打翅膀产生推力来抵消阻力。

但车内空气也是以 45 英里每小时的速度流动的，因此当鸟穿过车窗时，逆风的环境会突然消失，阻力也随之消失。如果鸟一直拍打翅膀，产生的推力就会使它开始相对于汽车做向前加速运动——就像你在跑步机上跑步，脚下的皮带突然停下来一样。

一只宽翼鹰以 45 英里每小时的速度飞行，受到的阻力约为 1/3 牛顿（N），这意味着它们的翅膀需要产生 1/3 N 的推力来抵消阻力[2]。如果阻力消失，鹰继续以同样的方式拍打翅膀，那么产生的推力会让鹰加速向前运动。

---

1 译注：一个较小的生物体在另一较大的生物体内，其两者发生互利生存作用的现象。
2 这就解释了为什么迁徙的鹰会"翱翔"而不是一直拍打翅膀，拍打翅膀 8 个小时会消耗掉它们整整一天的代谢预算。

如果其他力保持不变，1/3 N 的推力足以使鹰以 1 米 / 秒 ^{2} 的加速度飞向车前，并在一两秒钟后轻轻撞到挡风玻璃上。然而，其他力不可能保持不变。

如果不存在逆风吹过，鹰的翅膀也就不再提供升力，它会突然发现自己正在下降。重力会以 9.8 米 / 秒 ^{2} 的加速度让鹰向下运动，远超持续拍打翅膀产生的 1 米 / 秒 ^{2} 的向前加速度。

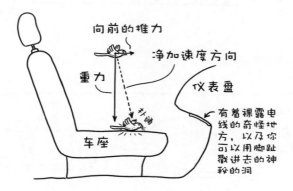

这两股力量一结合，老鹰就扑通一声落到了副驾驶座椅上。

但我们忽略了一个非常非常重要的因素，那就是鸟类的反应。大多数鸟类不想和你结伴出行，受到惊吓的鸟总是会尝试飞到开阔地带，所以它们经常撞到窗户。如果窗户离得足够近，鸟就不会加速到让自己受伤的速度，这就是为什么奥杜邦协会 [3] 建议，如果你不能把喂鸟器放在离窗户 10 米远的地方，那就把它放到离窗户 1 米远的地方。

你车上的挡风玻璃离鸟很近，所以鸟不会受伤，但对鸟来说撞上玻璃也不是什么好事。你刚才说自己开车的时候会开着窗户，但愿鸟能在这种几乎不可能发生的情况下毫发无损地找到出路吧。

如果这只鸟**不想**离开汽车，那问题就彻底变了，轮到你向野生动物救助员求助了。

除非这只鸟厌倦了四处飞翔，也许它会感激你提供的搭车服务。

3　译注：奥杜邦协会是美国的一个非营利性民间环保组织，这一组织以美国著名画家、博物学家奥杜邦命名，专注于自然保育。

真不敢相信你刚刚又错过了一只死浣熊！
那只看起来也很新鲜！
听着，你随时可以回去继续飞。
没门儿，这比飞容易多了，我再也不
回去了！嘿，我能按个喇叭吗？

35 **无 规 则 纳 斯 卡 赛 车** [1]
NO-RULES NASCAR

Q. 如果取消所有赛车规则，只看谁能在最短时间内绕赛道行驶 200 圈，假设赛车手必须活着完成比赛，那么采取什么策略才能赢？

—— 亨特·弗雷尔

A. 你的最好成绩将是 90 分钟左右。

比赛用"车"的种类有很多：能在转弯时深深抓地的电动车，火箭驱动的气垫船，或者沿着轨道运行的太空舱。但每一种"车"行驶时都很容易出现人本身是整个设计环节最弱一环的情况。

问题的关键是加速。在跑道转弯处，车手会承受强大的重力。美国佛罗里达州的代托纳国际赛道有两处主要弯道，如果汽车过弯时速度过快，驾驶员仅因加速度就有可能死亡。

1　译注：纳斯卡赛车是一项在美国流行的汽车赛事。每年都有超过 1.5 亿人次观众现场观看比赛。

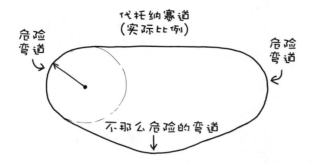

在极短时间内，比如发生车祸时，人们能承受几百 G 的力并存活下来（1G 是在地球引力下你站在地面所受到的拉力）。战斗机飞行员在机动过程中可以承受 10G 的力，也许正因为如此，10G 通常被看作人类所能承受的极限。然而战斗机飞行员只能短暂承受 10G 的力，而我们的车手可能会间歇性地在几分钟甚至几小时内持续感受这些力。

由于火箭发射需要大量的持续加速，NASA 已经收集了大量关于人体加速度耐受性的研究结果，但最有趣的数据来自一位名叫约翰·保罗·斯塔普的空军军官。斯塔普把自己绑在火箭雪橇上，推动身体到极限速度，并详细记录了每次实验。斯塔普是一个值得纪念的人物，尼克·T. 斯帕克（Nick T. Spark）在《飞行与空军》杂志上发表的一篇关于斯塔普实验的文章中写道："……斯塔普被晋升为少校，并让大家记住了人类的极限是 18G……"

尽管斯塔普以极大的加速度进行了这些短暂的实验，但大多数数据表明，在约一小时的时间内，正常人只能承受 3 到 6G 的加速度。如果我们将赛车的加速度限制在 4G，它在代托纳赛道转弯时的最高速度约为 240 英里每小时，大约需要 2 个小时才能完成 200 圈。这绝对比任何人驾驶正常汽车的速度都快，但也没**那么**快。

等等！那直线路段会怎么样呢？车辆在转弯时会加速，但在直道上是快速平稳行驶，我们可以在直线路段将车加速到更快，然后在接近直道终点时减速，就会得到下图所示的速度曲线：

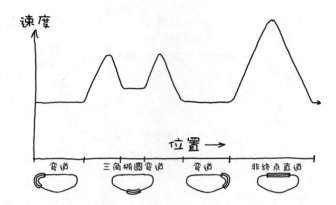

这种变速还有一个额外优势：通过巧妙地前后移动，赛车手可以在整个过程中保持相对恒定的加速度，但愿这能让赛车手更轻松地承受压力。

请记住，加速度的方向是不断变化的。人在向前、朝胸部方向加速时（比如司机加速向前）生存状况最佳，而人的身体最不能承受向下加速，这会导致血液在头部停留。

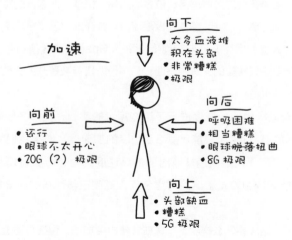

为了让车手活着，我们得让他们转过身来，这样他们就会一直用后背承受压力。（但我们必须小心，不要转向太快，否则旋转座椅产生的"离向心力"[2]本身就会致命！）

2　我已经厌倦了"离心"和"向心"的争论，于是决定折中一下。

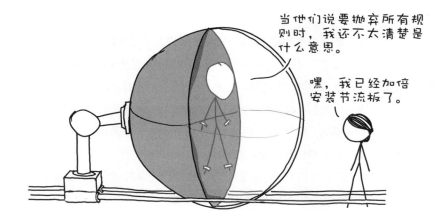

现代速度最快的代托纳赛车手需要约 3 小时才能跑完 200 圈。如果将加速度限制在 4G，我们的车手可以在 1 小时 45 分钟内完成任务；如果将加速度限制提高到 6G，时间可以缩短至 1 小时 20 分钟；即使把限制提高到 10G（这已远超人类能够长时间承受的水平），完成任务仍需要 1 小时（包括在非终点直道上突破音障的时间）。

因此，除了那些靠不住的和未经测试的方式，比如液体呼吸法——用含氧液体填充肺部以使人能够承受更大的加速度，人类的生理局限决定我们不能在 1 小时内完成代托纳比赛。

如果放弃"赛车手要活着"这一需求呢？我们能以多快的速度绕赛道一圈？

想象一下，一辆用凯芙拉纤维带[3]固定在赛车场中心轴上的"车"，另一侧用配重平衡，这就类似一台巨大的离心机。我们可以用一个我最喜欢的奇怪方程式，这个方程提出旋转圆盘边缘的速度不能超过它所用材料的比强度[4]的平方根。对于凯芙拉纤维这样的坚固材料，速度是 1 ~ 2 千米每秒。在这种速度下，一个穿梭舱可以在大约 10 分钟内完成比赛，但车手肯定活不成了。

好吧，不提离心机了。如果我们造一条类似雪橇滑道的坚固滑道，然后让一个滚珠轴承[5]（也就是我们的"车"）从滑道上飞驰而下，会怎么样？很悲哀，"圆盘方程"再次发挥作用，滚珠轴承的滚动速度不能超过几千米每秒，否则它会因旋转过快而自

---

3 译注：凯芙拉（Kevlar）是杜邦公司用在其芳族聚酰胺类有机纤维产品上的注册商标。该种纤维继玻璃纤维、碳纤维、硼纤维之后被用作增强纤维，由杜邦首先实现工业化生产。
4 比强度 = 材料拉伸强度 ÷ 密度。
5 译注：滚珠轴承是滚动轴承的一种，将球形合金钢珠安装在内钢圈和外钢圈的中间，以滚动方式来降低动力传递过程中的摩擦力和提高机械动力的传递效率。

我撕裂。

如果让它滑动而不是滚动呢？想象一个金刚石立方体沿着光滑的金刚石滑槽滑动，由于它不需要旋转，因此能比滚动轴承承受更多的加速度。然而滑动带来的摩擦将比滚珠轴承更多，金刚石可能会着火。

为了克服摩擦，我们可以用磁场使穿梭舱悬浮，逐步让它变小变轻，从而更容易加速和操纵。啊呀，我们不小心造出了一台粒子加速器。

虽然它不完全符合亨特在问题中规定的标准，但是粒子加速器可以作为一个很好的对照物。大型强子对撞机（LHC）里粒子束中的粒子非常接近光速，在这个速度下，粒子可以在 2.7 毫秒内跑完 500 英里（相当于 30 圈）。

世界上大概有一千条赛车跑道。两秒多钟，大型强子对撞机的粒子束就可以一个接一个地在每条跑道上跑完全程 500 英里的代托纳比赛，而车手们还没有抵达第一个弯道。

这真的是极限速度了。

---

6 译注：杰夫·戈登（Jeff Gordon）是 500 英里纳斯卡赛车的著名选手。
7 译注：介子（mesons）是自旋为整数、重子数为零的强子，参与强相互作用。
8 译注：奇异粒子（strange particle），即所有奇异数不为零的粒子。它们的奇特性质是结伴产生，产生快、衰变慢。

那 些 古 怪 又 让 人
忧 心 的 问 题 （ 二 ）

WEIRD & WORRYING #2

- -

Q . 如果把吸尘器软管的一端放在眼睛上，然后打开
吸尘器，会发生什么？

—— 基蒂·格里尔

Q . 把胳膊伸到车窗外，有可能用拳头把信箱
从杆子上打下来吗？有可能做到的同时又不让手
骨折吗？

这对你的伤害
可远远超过对
我的。

—— 泰·格温纳普

Q . 如果人们的牙齿持续生长，但完全长出来
后会脱落并被我们吞掉，那么需要多长时间才会
出现问题？

你的这个问题
已经给我带来
问题了。

—— 瓦伦·M.

Q . 在防守的状态下，需要多少肾上腺素（以
一根肾上腺素注射笔的剂量为单位）才能制服攻
击者？

别担心，肾上
腺素注射笔比
剑更强大。

—— 亨利·M.

36 真空管智能手机
VACUUM TUBE SMARTPHONE

Q. 如果我的手机是基于真空管制造的会怎么样？它能有多大？

——约翰尼

真空管

晶体管

A. 原则上，任何用晶体管制造的计算机都可以用真空管制造，反之亦然。

真空管和晶体管其实是用不同机制完成相同的基本任务：一接收到电信号，它们就会向一个方向转动开关；如果没有接到信号，则会向另一个方向转动开关。这个开关控制其他一些电信号，这些电信号又告诉其他开关应该做什么。我们通过将这些部分连接到一起构建数字电路，为接收输入和产生输出创建复杂的规则集合。

在 1937 年的一篇硕士论文中，数学家克劳德·香农（Claude Shannon）展示了如何排布真空管来实现任意一组逻辑步骤，为用实际电子元件构建艾伦·图灵的通用计算机提供了蓝图。到 20 世纪 60 年代，晶体管取代了真空管，因为它更小也更可靠，但同样的数字电路可以用两者中的任何一个来构建。

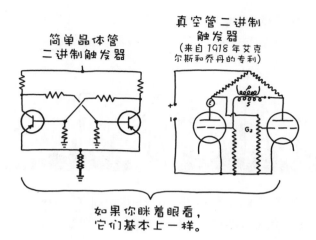

简单晶体管
二进制触发器

真空管二进制
触发器
（来自 1918 年艾克
尔斯和乔丹的专利）

如果你眯着眼看，
它们基本上一样。

以现在的标准来看，早期计算机堪称庞然大物。埃尼阿克（ENIAC）是第一台可编程计算机，它比人还高，足足有 30 米长。几年后，商用电脑尤尼瓦克（UNIVAC）问世，它的外形是一个更紧凑的立方体，但仍有一个房间那么大。

现代智能手机比 ENIAC 和 UNIVAC 小多了，但包含**更多**数字开关。UNIVAC 在 25 立方米的箱体里装有 5000 多个真空管，而 iPhone 12 的 80 毫升容量的机壳中就有 118 亿个晶体管，平均每升能装的管数大约是电脑的一万亿倍。

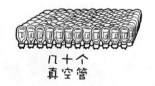

几十个
真空管

数十亿个
晶体管

如果你用真空管而不是晶体管来制造一部 iPhone，并且采用与 UNIVAC 相同的真空管密度，那么当你把手机放在一边时，它大约占地五个街区。

相反，如果你用 iPhone 级别大小的元件构建最初的 UNIVAC，那么整个机器的高度不会超过 300 微米，小到可以嵌入一粒盐中。

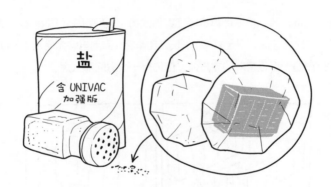

真空管本身并没有占据所有空间。如果你用现代元件构建"真 Phone"的其他部分，就能把整个设备变得更小。在早期计算机时代，有一种常见的 7AK7 型号真空管，它与一根粉笔差不多大小。118 亿个 7AK7 真空管组装成的 iPhone 正好可以放在一个城市街区中。

你的手机会存在一些问题，首先它不会运转得很快。数字电路一个接一个地执行步骤，时钟负责协调其中的步骤转换，时钟运行得越快，计算机每秒可执行的步骤就越多。实际上，真空管在高速转换方面相当出色，但 UNIVAC 使用的时钟频率只有 2 MHz，速度大约是现代计算机的千分之一。

你这部手机太大了，以至于你不得不考虑光速。信号从一端传到另一端需要漫长的时间，因此手机的各个部分可能彼此不同步。如果手机以 2 MHz 的频率运行，当一端的时钟响应一次，在下一次开始之前，上一次的信号将来不及到达手机的另一端。

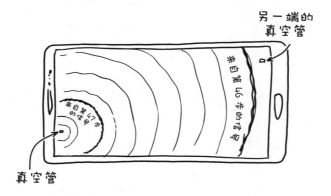

延迟的光速意味着你必须尽可能让手机的各个元件并行工作，这样一端的计算就不会因为要一直等待另一端的计算结果而卡住。

这听起来很荒谬，但现代计算机确实存在这个问题。如果一个芯片以 3 GHz 的频率运行，光信号和电信号就来不及在一个时钟周期内从计算机的一端传输到另一端，导致计算机的不同部分无法同步。如果两个部件之间需要快速来回沟通，电路板设计师需要让它们在物理上彼此靠近，这样才不会被延迟的光速阻碍。

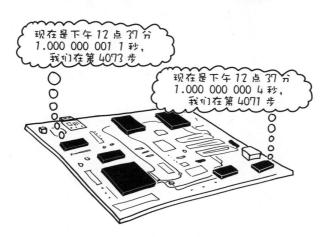

但真正毁掉"真 Phone"的并不是速度，而是能量。真空管需要大量电能：7AK7 真空管在运行时消耗几瓦特，这意味着你的手机将发出总共 10^{11} 瓦特的热量。会有多热？我们可以用斯特藩 - 玻尔兹曼定律计算辐射功率：

$$\text{电力} = \underset{\text{手机表面区域}}{A} \times (\underset{\text{手机温度}}{T_{\text{手机}}}{}^{4} - \underset{\text{环境温度}}{T_{\text{环境}}}{}^{4}) \times \underset{\text{物理常数}}{e\sigma}$$

$$T_{\text{手机}} = \sqrt[4]{\frac{\text{电力}}{A_{\text{表面}} \times e\sigma} - (T_{\text{环境}})^4} = \sqrt[4]{\frac{10^{11}\text{瓦特}}{100000\text{m}^2 \times e\sigma} - (20°C)^4}$$

$$T_{\text{手机}} = 1780°C$$

即使你的手机魔法般坚不可摧，但这个世界并不是。1780 ℃的高温已经高于花岗岩的熔点，所以如果你不小心把手机掉在地上，地面可能会被熔化。

我建议你买一个手机壳。

37 激光伞
LASER UMBRELLA

Q. 用雨伞或帐篷阻止雨水打湿什么东西挺无聊的。如果试图用激光来做这件事，在每一颗雨滴距离地面十英尺之前就瞄准并将其蒸发掉，会怎么样？

——扎克

A. 用激光防雨这个想法虽然听起来完全合理，但如果你——

不，这不合理。

激光伞的想法虽然很吸引人，但它——

不，并不吸引人。

好吧，用激光阻止降雨的想法是我们现在要讨论的话题。

这不是一个贴近实际的想法。

首先，让我们看看最基本的能量需求。蒸发一升水需要 2.6 兆焦耳[1] 能量，而一场大暴雨每小时可能降下半英寸的雨。相关方程并不复杂，你只需用蒸发每升水的 2.6 兆焦耳乘以降雨量就可以得到蒸发每平方米雨水所需的激光伞功率。如此容易就得到单位计算结果，的确让人有些奇怪：

$$2.6 \frac{兆焦耳}{升} \times 0.5 \frac{英寸}{小时} = 9200 \frac{瓦特}{平方米}$$

每平方米 9 千瓦，这比阳光照射地表的功率还高出一个数量级，因此你周围的环境会迅速升温。实际上，你制造了一团围绕自己的蒸汽，并向其中注入越来越多的激光能量。

换句话说，你将建造一个人体大小的高压灭菌器——一种通过焚烧其范围内的有机材料对物体进行消毒的设备。"焚烧其范围内的有机物"对雨伞来说不是什么好特色。

但还有更糟的！用激光蒸发水滴比听起来还要复杂[2]。它需要大量（被快速传递的）能量来蒸发水滴，而不只是将其打散成飞溅的小水滴。完全蒸发一滴水所需要的能量可能比我们想象中不合理的量级更大。

接下来就是瞄准的问题。理论上这是可以解决的，比如采用自适应光学技术，它用于快速调整望远镜反射镜以抵消大气扰动，这种技术能迅速精确地控制光束。覆盖 100 平方米（这也是扎克在完整来信中提到的）需要每秒能发出 50 000 次脉冲的设备。这个速度已经很慢了，你不会遇到任何直接的相对论性问题，但你的设备至少需要比旋转底座上的激光笔复杂得多。

---

1 水越凉，需要的能量就越多，但也不会太多。将水加热到沸腾临界点只需要 2.6 兆焦耳中的一小部分，大部分能量用于把水从 100℃的水变成 100℃的蒸汽。
2 老实说，它听起来就已经很复杂了。

我们好像很容易忘记"完全瞄准"这件事，只是随便朝什么方向发射激光[3]。如果你将激光束瞄准任意一个方向，那么它在击中一滴雨之前能射出多远？这是一个很容易回答的问题，和问你在雨中能看多远一样，答案至少是几百米。除非你为了保护整个社区，否则向随机方向发射强大的激光可能没什么好处。

老实说，如果你确实想保护整个社区……

……向随机方向发射强大的激光绝对没什么好处。

---

3 说真的，还有什么问题是这个方法解决不了的？

38 吃掉一朵云

EAT A CLOUD

Q. 一个人能吃掉一整朵云吗？

——塔克

A. 不能，除非你能先把空气挤出去。

云是由水构成的，水是可食用的，或者可饮用的，我猜。我一直不确定吃和喝之间的界限是什么。

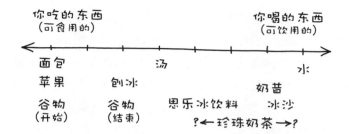

云里也含有空气，但我们通常不把空气算作食物，因为当你咀嚼（或者有时是吞下）空气后，它很快就会从你的嘴里逸出。

你当然可以把一朵云放进嘴里，然后吞掉里面的水。问题是你需要让空气逸出，但你体内的空气已经吸收了大量水分，当空气离开你的口腔时也携带着水分，一遇到凉爽多云的空气，它就会凝结。换言之，如果试图吃掉一朵云，那么你打嗝产生的云会比你吃掉的更多。

但如果你能把水滴收集在一起——也许是通过一个细网过滤云朵然后挤出水滴，或者电离水滴并用带电的电线收集起来——你就可以吃掉一小朵云了。

一朵房子大小的蓬松积雨云含有约一升液态水，能装两三大杯，大约相当于人的胃一次能容纳的量。你不能吃掉一片巨大的云，但绝对可以吃掉一朵小房子那么大的云。当这朵云从你头顶掠过时，可以短暂遮挡太阳一两秒钟。

　　一朵云大概是你一口能吃掉的最大东西，没有什么比它更蓬松、密度更低了。打好的奶油看起来很蓬松，但它的密度也有水的 15%[1]，所以一加仑打好的奶油大约有一磅重。即使考虑到所有能逸出的空气，你不过也就能吃一小桶。棉花糖是最像云的食物之一，它的密度很低，约为水的 5%，这意味着理论上你可以一口吃下约一立方英尺的棉花糖。这不一定健康，但或许可行。即使你一辈子都在吃棉花糖，也不可能吃掉一屋子那么多的棉花糖，何况除了棉花糖外什么都不吃还可能会影响你的寿命。

　　其他极轻的可食用物质有雪、蛋白脆饼和袋装薯片，但你一次能吃掉的每种食物最大体积也就差不多一立方英尺。

　　所以如果你想吃云，就需要好好做一些准备工作。但如果你成功了，也一定会感到十分满足，因为你吃掉了自己所能吃掉的最大东西。

1　引自特蕾西·V. 威尔逊（Tracy V. Wilson），播客《你在历史课上错过的东西》的主持人，当我问到这个问题时，她手边刚好有一台烹饪秤和一罐掼奶油。

一 朵 云
营养成分

食品规格：一朵
在每片天空的含量：无数

TOTAL CALORIES: 0

	% 日摄入量 *
总脂肪量：0g	0%
饱和脂肪：0g	0%
反式脂肪酸：0g	0%
胆固醇：0g	0%
钠：0g	0%
总碳水化合物量：0g	0%
膳食纤维：0g	0%
糖：0g	0%
蛋白质：	有时含有一些虫子
钙：0%	铁：0%
镁：0%	锌：0%

* 如果你住在第 4 章中房子的下风向，
铁含量可能更高。

只是请记住将云储存在可重复使用的瓶子中，这样就不会造成塑料浪费了！

39 高处落日
TALL SUNSETS

Q. 假设两个不同身高（159 厘米和 206 厘米）的人
站在一起看日落，高个子看到太阳的时间比矮个子长
多少？

—— 拉斯穆斯·邦德·尼尔森

A. 整整 1 秒！

对于个子高的人来说，太阳落得更晚，因为你越高，越过地平线看得就越远。

除了能看到更迟的日落，高个子看到的日出也会更早，这意味着他们的白天更长。
如果你在赤道附近的海平面上，那么身高每增加 1 英寸就相当于每年多受到近 1 分钟
的日照，而在高纬度地区，多受到的日照会更久。在海拔 100 英尺（30.48 米）的地
方，这种影响较小，但每高 1 英寸仍会让你每年多受到至少 10 秒的日照。

另外，高个子的人会承受更强烈的风，上楼时更频繁地撞到头，缠到更多蜘蛛网，并且在意外闯入带有陷阱的古庙时更容易被摆动的刀片砍头。（我不知道发生这种情况的确切概率，但我知道概率一定会随着身高的增加而增加。）

摆动刀片的
死亡方程式

$$P_D = Ah$$

$P_D =$ 因摆动刀片而死亡的可能性
$h =$ 身高
$A =$ 未知常数

如果你在海平面附近拥有很好的地平线视野，就可以利用这个高度效应连续看到两次日出或日落。你所需要的只是一个可以快速上下移动的台阶、梯子或小山坡。

看两次日出比看两次日落容易，因为快速下楼比快速上楼更简单，但看日出意味着你要早起。

换个角度想，如果你的目标是享受更多阳光，那么早起本身可能就是一种奖赏。如果你住在海平面附近且通常睡得很晚，那么每天早起10秒会让你感受到额外的阳光，相当于你的身高增加了 20 英尺。

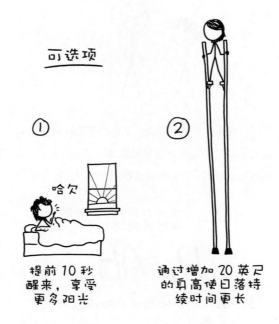

可选项

① 提前 10 秒
醒来，享受
更多阳光

② 通过增加 20 英尺
的身高使日落持
续时间更长

不过，早上睡个懒觉还是很不错的。

40 熔岩灯
LAVA LAMP

Q. 如果我用真正的熔岩做一盏熔岩灯[1]会怎么样？可以用什么作为灯里的透明介质？我观赏的时候能离它多近呢？

——凯西·约翰斯通，一名六年级老师（通过学生提问）

A. 按"what if"的标准，这个构想出人意料地合理。

我是说，这想法不是那种合理。我猜你至少会被吊销教师执照，而且可能会失去前排的一些学生。但你确实可以做一盏。

你为什么要冲着学生们喷蒸气、碎玻璃和熔岩？

如果我们要教他们，就必须让他们惧怕我们。

---

1 译注：熔岩灯是一种装饰灯。它由玻璃容器内的特殊彩色蜡混合物组成，还包含透明或半透明的液体。容器被放置在一个装有白炽灯的底座上，白炽灯的热量会使蜡的密度和液体的表面张力暂时降低。当受热的蜡在液体中上升时，它就会冷却，失去浮力，并在一个循环中落回容器的底部，这在视觉上让人联想到熔岩，因此得名。

有几种备选的透明材料既可以容纳熔岩又不会破裂，避免滚烫的熔岩溅得半个教室都是。熔融石英玻璃就是一个好选择。高强度灯泡很容易达到熔岩温度的中等范围，所以也会用到这种材料。[2] 另一种选择是蓝宝石玻璃，它在 2000 ℃以下都保持固态，通常被用来做观察高温舱室的窗口。

但用什么来做透明介质这个问题就比较棘手了。假设我们发现了一种可以在低温下熔化的透明玻璃，并忽略可能使玻璃混浊的热熔岩杂质，我们仍然会遇到一个问题。[3]

熔化的玻璃按理说是透明的，但它看起来为什么并不透明呢？[4] 答案很简单：它在发光。炽热的物体会发出黑体辐射，和熔岩一样，同样的原因使得熔化的玻璃也会发光。

因此，熔岩灯的问题在于它里面的熔岩和介质都在发亮，你很难单独观察到熔岩。我们可以试着在灯的上半部分什么都不放，毕竟温度足够高的时候，熔岩泡泡自己就会向上喷涌。然而不幸的是，灯体本身也会与熔岩接触，蓝宝石容器可能不会轻易熔化，但**也会**发光，我们同样很难观察到容器内部熔岩的状态。

---

2 一些舞台灯的灯泡广告说，他们的灯泡能承受 1000 ℃的高温，这比许多种熔岩还要热。
3 稍后，当学校董事会发现这件事时，我们又有了另一个问题。
4 这听起来有些矛盾。就好像在说"这音乐很吵，但听起来并不吵"。

除非把熔岩灯接到一个非常亮的灯泡上，否则这盏熔岩灯会很快冷却下来。就和真实世界里掉在地上的熔岩一样，这盏灯会在一分钟内凝固并停止发光，等到课程结束时，可能你摸摸熔岩也不用担心被烫到。

凝固的熔岩灯几乎是世界上最无聊的东西了。但这个场景让我好奇：如果用熔岩做一盏灯还不够激动人心，那么用许多盏熔岩灯做一座火山怎么样？

这可能是我做过的最无用的计算了[5]，但是……如果圣海伦斯火山今天再次喷发，但喷出的不是火山灰[6]，而是密实的荧光球体，会怎么样呢？

如果这一切真的发生了，那么排放到大气中的汞将比所有人为排放[7]的总和还要大几个数量级。

---

5 好吧，这不可能是真的。
6 是一个专业术语，指的是"从火山里冒出来的东西"。
7 其中 45% 来自金矿开采。

我喜欢让这句话的后半部分含混不清，留给大家自由想象的空间。
"你知道的越多……"……所以什么？你越快乐？越有教养？
越有可能在生死攸关的问答比赛中幸存下来？
如果我来做这个节目，会用"你就知道它们了"来代替这句话。

总而言之，我认为用熔岩做熔岩灯的想法有点儿虎头蛇尾了。另外，圣海伦斯火山没有喷发密实的荧光球体可能是件好事。以及，我如果在约翰斯通老师的课堂上，就会尽量往后排坐。

41 西西弗斯冰箱

SISYPHEAN REFRIGERATORS

Q. 假设每个有一台冰箱或冰柜的人都在室外同时打开它们，能显著改变室外的温度吗？如果不能，需要多少台冰箱才可以降温呢（比如说 5 华氏度）？如果想降低更多呢？

——尼古拉斯·米蒂卡

A. 冰箱不会冷却周围环境，反而会让环境变热。

冰箱的工作原理是将热量从内部输送到外部，让内部越来越冷，外部越来越热。如果你打开冰箱门，冰箱就会无休止地努力从面前吸收热量，又通过线圈将热量散回空气中，但因为冰箱门开着，所以结果是空气又流了回来。然后整个过程又从头再来，就像西西弗斯一直把巨石推上山一样。

为了转移周围所有热量，冰箱会消耗电能，从而产生额外的热量。一台开着门并且把压缩机开到最大功率的冰箱，可能会消耗 150 瓦的电能。这意味着冰箱除了毫无意义地把热量从内部传递到后面的线圈外，还会向周围环境排放 150 瓦的热量。

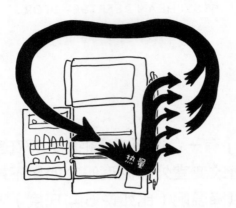

严格来讲，这额外的 150 瓦热量加起来将提高地球的平均温度，但只是一点点。现在可能有几亿户家庭拥有冰箱，但即使假设世界上 80 亿人每人都有一台冰箱，并且全天候室外运行，全球气温的上升幅度也不到千分之一摄氏度，几乎可以忽略不计。

虽然这些余热可以忽略不计，但冰箱们确实让地球更热了。我们家里的大量电力都来自化石燃料的燃烧。如果这 80 亿台室外冰箱的电力来源与 2022 年美国的混合能源供电类似，那么它们每年会向大气中多排放约 60 亿吨二氧化碳，约占全球二氧化碳排放量的 15%。

气候模型表明，如果在 21 世纪剩下的时间里冰箱们保持这样的排放速度，那么在人类其他行为造成的全球变暖基础上，这些冰箱将使全球温度额外升高 0.3 ℃。

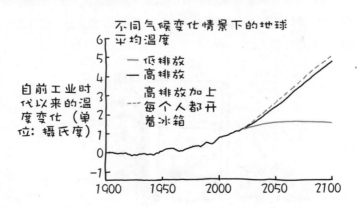

与其他毫无意义的任务相比，这又如何呢？希腊神话讲述了西西弗斯将一块巨石无休止地滚上山的故事。荷马在《奥德赛》中清楚地写道，西西弗斯在顽强地忍受苦役：

> 我又见西西弗斯在那里忍受酷刑，正用双手推动一块硕大的巨石，伸开双手双脚一起用力支撑，把它推向山顶，但当他正要把石块推过山巅，重量便使石块滚动，骗人的巨石向回滚落到山下平地。他只好重新费力地向山上推动石块，浑身汗水淋淋，头上沾满了尘土。

> ——《奥德赛》（王焕生译）

来自超级马拉松运动员的数据显示，人类在长期活动中所能达到的耐力极限是其静息代谢率的 2.5 倍。我不知从何着手合理估计西西弗斯的卡路里摄入量，但显然他是个经常锻炼身体的人，所以让我们用著名的摔跤运动员兼演员道恩·"巨石"强森作为替代。我查看了"巨石"强森的身高和体重，并将其输入到一个静息代谢计算器中，得出的估值是每天 2150 卡路里，或 105 瓦特。

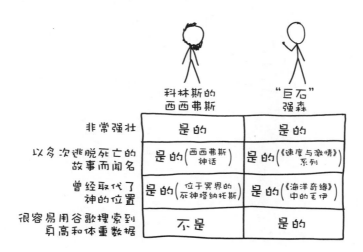

用 105 瓦作为西西弗斯的代谢率，我们可以估算出他长时间输出的最大功率是260 瓦，略高于一台开门的冰箱。

所以，如果你想让一个毫无意义的东西无缘无故地在你家前院一直浪费能量，那么与其插上冰箱电源，不如让西西弗斯把石头推到山上。这样不仅可以减少你家的电费，对气候变化的影响也可以忽略不计，因为能量将不再来自化石燃料的燃烧，而是来自一种可再生能源——冥界之神哈迪斯的无限怒火[1]。

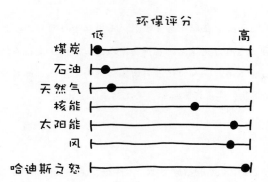

如果联系不上西西弗斯，也许你可以请"巨石"强森过来帮忙。

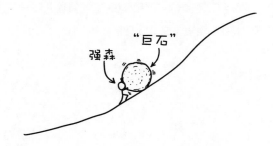

1 译注：在希腊神话中，冥王哈迪斯是宙斯的哥哥，四大创世神之一。宙斯派哈迪斯把西西弗斯抓到冥界赎罪，西西弗斯没有顺从，遂遭到众神惩罚，即把巨石推上山顶。

42 血液之酒
BLOOD ALCOHOL

Q. 你会因为喝了醉酒之人的血而醉倒吗?

——芬·伯恩

A. 你得喝很多很多血。

一个人体内大约有5升血,或者说14杯。

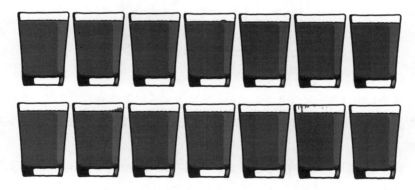

记住,你每天应该喝8杯血。

如果血液中的酒精含量超过 0.5%，你就很可能会死。尽管有个别人在血液酒精含量超过 1% 的情况下幸存，但酒精的半数致死量（LD_{50}）——使 50% 的人死亡的血液酒精含量水平是 0.40（0.4%）。

如果某人的血液酒精浓度（blood alcohol concentration，BAC）为 0.40，而你在短时间内喝了 14 杯他的血[1]，你会呕吐。

你不会因为酒精而呕吐，只会因为喝血而呕吐。如果你设法避免了呕吐，就总共摄入了 20 克乙醇，这是你从一品脱（大约半升）啤酒中可以获得的酒精量。

根据你的体重，喝这么多血可能会把血液酒精浓度提高到约 0.05，这个数值非常低，在许多司法管辖区内都属于合法驾驶，但也足够让你发生不测的风险翻倍。

如果你的血液酒精浓度是 0.05，就意味着只有 1/8 来自他人血液中的酒精进入了你的身体。如果你喝完血后有人杀了你，然后喝了你的血[2]，那么他们的血液酒精浓度

1　如果你喝光了某人的血，他们死亡的概率就是 100%。
2　这样才公平。

就是 0.006。如果这个过程重复约 25 次，最后一人的血中会只剩下不到 8 个乙醇分子。再来几轮，很可能就没有乙醇了 [3]，后面人喝到的只是普通的血 [4]。

不管血里有没有酒精，喝 14 杯血都不是什么好玩的事。关于这个话题的医学文献不多，但一些很令人担忧的网络论坛帖子中的传闻证明，任何试图喝一品脱以上的血的正常人都会呕吐，如图所示：

如果经常喝血，长此以往，你体内铁原子的积聚就会导致"铁过载"。这种综合征有时会困扰反复输血的人，也是为数不多的可以靠放血正确治疗的例子。

喝掉一个人的血可能不会导致铁过载，但可能会让你感染血液传播类疾病。大多数引发此类疾病的病毒无法在胃里存活，但在你喝血时，病毒很容易通过嘴或喉咙的创口进入你的血液。

饮用患者的血液可能会感染乙型肝炎、丙型肝炎、艾滋病以及病毒性出血热，如汉坦病毒和埃博拉病毒等。我不是医生，所以尽量不在书中提供医疗建议，但我可以自信地说：你不应该喝病毒性出血热患者的血。

你不应该做的事情
（更新版）
#156 818 剥离地壳
#156 819 尝试用手给撒哈拉沙漠刷涂料
#156 820 未经允许就取走某人的骨头
#156 821 将政府预算的 100% 用于手机游戏内购
#156 822 用真正的熔岩填满熔岩灯
#156 823 （新增！）喝病毒性出血热患者的血

---

3 按照顺势疗法（同样的制剂治疗同类疾病）的标准，这个还是很浓缩。
4 像个失败者。

即便如此，饮用或食用血液也并不是闻所未闻的。虽然在许多文化中这是禁忌，但以血为主要原料的"黑布丁"是一道传统英国菜，世界各地也都有类似的菜。东非的马赛游牧民族曾主要以牛奶为生，但有时也会喝牛血，他们从牛身上抽血并将血与牛奶混合，做成极富蛋白质的奶昔。

归根结底，通过喝人血来喝醉非常困难，而且可能很不舒服，更有可能带来严重的疾病。不管他们喝得多醉，他们的血液本身对你身体造成的可怕伤害会远远先于醉酒发生。

43 篮球般的地球

BASKETBALL EARTH

Q. 你知道吧，在指尖上旋转篮球时，从侧面拍击篮球会让它转得更快并保持平衡。如果一颗流星距离地球足够近，它能像转篮球那样让地球自转得更快吗？

——泽恩·弗雷什利

A. 能!

这属于那种"看起来不应该是这样"的事情，但事实证明**的确**如此。

基本上一样

流星撞击地球或掠过大气层时，它们会改变地球自转速度。

流星进入大气层时通常不会完全垂直下落，除非碰巧瞄得非常准，否则它们会以一定的角度撞击地球，使地球朝一个方向或另一个方向旋转。如果流星向东飞，地球就会加速自转；如果向西飞，地球的自转就会减速。

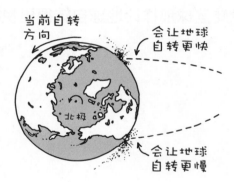

一颗流星如果只在太空中掠过地球，那并不会对地球自转产生明显影响，它必须与地球有物理接触才行，但并不一定要到达地面。如果它在大气中燃烧，产生的碎片仍然可以大力推动空气，有些被推动的空气最终以阻力的形式对地面产生了作用。

即使流星掠过地球大气层，然后又返回太空，它在大气层中失去的大部分动量最终也会转移到地球自转中去。这种掠过地球的火流星很罕见，但1972年曾有一颗掠过美国西部和加拿大上空的大气层，还有一些流星曾被天文爱好者、自动望远镜或者雷达捕捉到。

因为地球很大，所以即使是毁灭性的流星撞击也不太可能明显改变"一天"的长度。杀死恐龙的希克苏鲁伯撞击留下了一个直径100千米的陨石坑，可能最多只将一天改变了几毫秒。对于大多数人来说，几毫秒的变化不足以感知到，但这意味着可能需要

每年增加一闰秒来为此做出解释。

　　如果有月球或其他行星那么大的东西撞击我们，那它可能会极大改变一天的长度，其代价则是更大的破坏力。我们认为，月球很可能是由一颗火星大小的天体撞上地球时产生的碎片形成的，同时也大大改变了一天的长度。从某种意义上讲，它对"月份"长度做出的改变甚至更大……

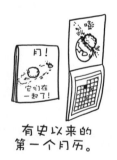

有史以来的
第一个月历。

44 蜘蛛 vs 太阳
SPIDERS VS. THE SUN

Q. 太阳和蜘蛛谁对我产生的引力更大？当然，太阳大得多，但它也离我更远，正如我在高中物理学到的那样，引力与距离的二次方成反比。

—— 玛丽娜·弗莱明

A. 从字面上来讲，这个问题完全合理，但它很容易被复述得完全语无伦次。

单只蜘蛛的引力无论有多大，都无法打败太阳。巨人捕鸟蛛[1]有一个大苹果那么重[2]。即使你尽可能靠近其中的一只（但愿不会如此），太阳的引力也是它的5000万倍。

如果把世界上**所有**蜘蛛都算上呢？

一个众所周知的事实是，蜘蛛总是在你周围几英尺之内。严格来讲这不现实——蜘蛛不生活在水里[3]，所以你可以通过游泳躲开它们，而且建筑物里的蜘蛛也没有田野和森林里的多。但如果你在户外，即使在北极冻土带，你周围几英尺的地方可能也都有蜘蛛。

不管以上说法是真是假，外面的蜘蛛真的很多。具体数字很难说，但我们可以做一些粗略估计。2009 年对巴西蜘蛛密度的一项研究发现，每平方米森林地面上蜘蛛的毫克数为个位数[4]。如果我们猜测世界上约有 10% 的土地上蜘蛛的密度与此相当，而其他地方没有蜘蛛，那么全球蜘蛛的总重量为 2 亿千克[5]。

即使我们得到的数字偏差很大，也足以回答玛丽娜的问题了。如果我们假设蜘蛛均匀分布在地球表面，就可以利用牛顿壳层定理[6]来确定它们对地球以外物体的集体引力。这样计算你就会发现，太阳的引力比它强出 13 个数量级。

现在，这个计算过程做出了一些不正确假设。蜘蛛的分布是离散的，不是连续的[7]，而且一些地区的蜘蛛比其他地区多。如果你附近碰巧有很多蜘蛛怎么办？

2009 年，美国后河（Back River）污水处理厂发现自己正在处理所谓的"极端蜘蛛情况"。美国昆虫学会发表的一篇引人入胜又毛骨悚然的文章描述了这件事[8]。据估计，有 8000 万只园蛛定居在该工厂，厚厚

1　维基百科指出，尽管它的名字叫巨人捕鸟蛛，但它"很少捕食鸟类"。
2　无论"苹果"指的是水果还是手机，这句话都没问题。蜘蛛的重量和这两者差不多。
3　潜水钟蜘蛛（*Argyroneta aquatica*）除外。
4　这是干质量，你必须乘以 3 或 4 才能得到活体蜘蛛的重量。
5　一项对新西兰和英格兰田野和牧场的调查发现，每平方米的蜘蛛数量（毫克）往往达到两位数。如果每只蜘蛛重约 1 毫克，我们再次假设地球上大约 10% 的土地上蜘蛛的密度与此相当，那么蜘蛛的总生物量为 1 亿至 10 亿千克。至少与我们最初的估计一致。
6　译注：牛顿在经典力学里提出和证明了壳层定理：考察球对称质量均匀分布的物体与球体外一物体之间的万有引力，可将球对称物体质量视为集中于球心，而内部的重力场在任何位置都为 0。
7　蜘蛛被量化了。
8　文章结论中有这样一段绝对令人难以置信的话：
　我们的改进建议包括：
　（1）应该向现场人员保证蜘蛛是无害的，设备裏上的巨量蛛网应该被积极地展示为破纪录的自然历史奇观……

的蛛网覆盖了工厂的每一寸表面[9]。

这些蜘蛛的总引力是多少？首先需要知道它们的质量，根据论文《园蛛的性食同类：一种经济模型》[10] 可知，雄性蜘蛛体重约为 20 克，雌性蜘蛛是它的几倍。因此，即使你 2009 年站在后河污水处理厂旁边，工厂里所有蜘蛛的引力仍然只有太阳的 1/50 000 000。

无论你怎么看，说到底，我们生活在完全由一颗巨大恒星主宰的世界，周围爬满了小蜘蛛。

嘿，至少不是反过来。

9　这些网又被厚厚的蜘蛛所覆盖。
10　不要与《狼蛛在交配前后性食同类的权衡》搞混，它们不一样，但都是真实存在的论文。

45 吸 入 一 个 人

INHALE A PERSON

Q. 如果房间灰尘的 80% 由人的死皮组成，那么一个人一生中吃进 / 吸入了多少人的皮肤？

—— 格雷格，南非开普敦

A. 好消息：你不能吸入一个人，而且灰尘大部分也不是由死皮组成的。

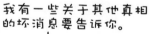

听到灰尘大部分不是由死皮组成的，我终于松了一口气，因为那可太恶心了。

我有一些关于其他真相的坏消息要告诉你。

　　家中灰尘大部分是人类死皮的说法很普遍，如果你上网搜一下，就会发现大量文章，其中既有支持的也有反对的。[1] 这个问题很难确定答案，一部分原因是家中灰尘并

1　YouTube 频道"真理元素"（Veritasium）的主持人德里克·穆勒就这个问题制作了一段很长的视频，引用了 1981 年出版的一本书，这本书又引用了 1967 年荷兰的一本清洁标准出版物。他最终站在了"哇，确实有很多皮肤"的一边。

不是一种特定物品，它只是一种恶心的东西，可能来自你家里随便什么东西，包括泥土、花粉、棉纤维、面包屑、糖粉、闪粉、宠物毛发和皮屑、塑料、烟灰、人或动物的毛发、面粉、玻璃、烟、螨虫，以及无数粘在一起难以识别的黏性物质。

里面肯定有一些死皮，但通常不是主要成分。人们调查办公室和学校地板上的粉尘发现，灰尘中的大部分根本不是有机物。1973 年，《自然》杂志发表的对于各种环境的研究发现，皮肤细胞在空气粉尘中的含量为 0.4% 到 10%。

我们确实以离谱的速度生产死皮——每小时约 50 毫克，但它们大部分不会进入空气，否则我们的房间就会像煤矿或伐木场一样尘土飞扬。既然空气中并不总是充满灰尘，那么死皮一定是去了其他地方。一些很快会落到地板上，但大部分会在洗澡时流入下水道，蹭到衣服上的会被洗涤剂洗掉，或者落到枕头和床垫上。

即使你找到一种最大限度提高空气中死皮浓度的方法，也不可能吸入一个人。如果你制造一台机器，将死皮泵入房间，使空气中死皮浓度提高到 10 毫克每立方米——空气中充满粉尘，其含量超过煤矿工人的职业粉尘暴露限值。那么在按平均寿命计算的一生中，你只能吸入约 3 千克皮肤细胞。

所以，不，你不能吸入一整个人，但**确实可以**吸入人体的一大部分，而这部分的量在人类所能感到舒适的范围之外。

另外，我不想回答更多关于皮肤的问题了。

46 糖果粉碎闪电
CANDY CRUSH LIGHTNING

Q. 如果用砸碎"生活救星"牌冬青味环形薄荷硬糖
（Wint-O-Green Lifesavers）的方式来制造一道真
人大小的闪电，你需要多少块糖？

—— 维奥莱特·M.

A. 数以亿计。

在黑暗中碾碎糖块时，糖块会发出亮光。这种现象被称为摩擦发光。这种光通常
很弱，但老式"生活救星"牌冬青味环形薄荷硬糖[1]产生的亮光出了名地强烈，这要归
功于其中的一款调味添加剂。糖块通过摩擦发光发出的大部分是紫外光，但这款环形
硬糖含水杨酸甲酯[2]，它是荧光的，会吸收不可见的紫外光，然后把它们以蓝色可见光
的形式放射出来。

---

1 显然"Wint-O-Green"这个词一直是这么拼写的，而我以前从未注意。我猜这里的"O"就像《贝贝熊》
（*Berenstain Bears*）童书系列里面的"a"。
2 译注：一种有机化合物，有强烈的冬青油香气，普遍用于为牙膏增添香味。

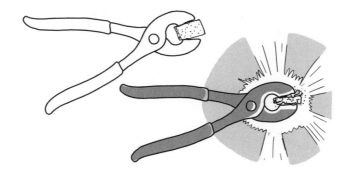

目前我们还没真正搞懂摩擦发光。

当物质在一起摩擦或分裂成碎片时，电荷有时候在某种程度上被扯下来，当它们再次合并时会瞬间释放能量。但由于原子之间有很多相互碰撞的方式，科学家们很难弄清楚在某次实验中究竟是哪种组合效应产生了光。

如果用 20 磅的力咬碎一块环形硬糖，你会向糖晶体释放大约 1 焦耳的机械能[3]。相比之下，一次闪电携带 50 亿到 100 亿焦耳的能量，因此你要咬碎 50 亿到 100 亿块糖才能获得相同能量。

---

3 某些摩擦发光的过程可能会释放糖块储存的一些化学能，这可以适当减少制造闪电所需的糖块数量。

咬碎一块环形硬糖并不真的产生火花。你碰到门把手的时候，静电产生的火花是真正的火花。如果你近距离观察，你会发现它看起来像一道小小的闪电。但如果你仔细观察糖块碎裂的慢镜头画面，你就看不到闪电。它碎裂的瞬间会短暂发光，就像闪光灯的一闪。尽管两者看起来不一样，但糖块的闪光和闪电有很多相同之处，它们都因材料摩擦造成电荷分离，同时这两种情况的光都产生于电荷平衡的能量释放。

说到底，我们也并不完全了解闪电形成的过程。我们知道风暴中的上升气流会使风暴顶部和底部之间产生电荷，同时我们认为这也与风吹过雨或冰的过程有关，但电荷具体是如何被分离出来的，仍然是个谜。

快 问 快 答 （ 四 ）

SHORT ANSWERS #4

Q.　人类能安全食用患有狂犬病的动物吗？

—— 温斯顿

A.　不能，食用患有狂犬病的动物不安全，还可能会感染狂犬病病毒。医学文献中有几个狂犬病患者的案例，人们就认为他们因食用受感染的动物而感染。

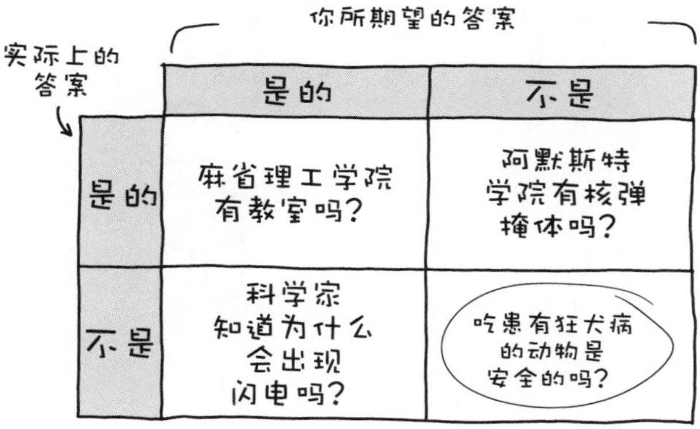

		你所期望的答案	
实际上的 答案		是的	不是
是的		麻省理工学院 有教室吗？	阿默斯特 学院有核弹 掩体吗？
不是		科学家 知道为什么 会出现 闪电吗？	吃患有狂犬病 的动物是 安全的吗？

Q.　如果地核突然停止产出热量，会发生什么？

—— 劳拉

A.　老实说，我们会没事的。

理论上，地球上任何瞬时物理变化都可能改变地壳内部的应力[1]，引发地震和火山喷发。但如果你假设导致地核停止产生热量的任何因素也会温柔地重新分配这些瞬时应力，那么热量流动的实际变化其实就不是问题了。

地球的大部分热量来自太阳。流经地壳的热量只占地球表面总热量的一小部分，因此地核停止产生热量并不会对大气产生太大影响。如果地球的外地核凝固，我们将失去磁场，但是——别管 2003 年的电影《地心抢险记》怎么演的——这不会导致来自太空的微波束将旧金山的金门大桥或者别的什么东西切成两段。它只会使地球高层大气流失到太空的速度稍微加快。

经历足够长的时间，由地球内部热量驱动的板块构造会慢慢停止。板块构造是长期碳循环的关键部分，它调节着地球的温度，因此最终充当恒温器的板块构造会失灵，海洋也会沸腾。但这一切早晚都会发生，所以我并不担心。

地核已经停止产生热量了！

管它呢，没关系。

Q . 以人类目前掌握的技术，能摧毁月球吗？

—— 泰勒

Q . 全球变暖能导致地球磁场减弱吗？

—— 帕瓦基

---

1 译注：单位面积上所承受的附加内力。

Q. 如果仅仅用激光，能烤什么东西吗？

——安德鲁·刘

A. 答案分别是不能、不能和能。

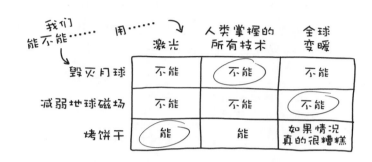

我们能不能……用……	激光	人类掌握的所有技术	全球变暖
毁灭月球	不能	不能	不能
减弱地球磁场	不能	不能	不能
烤饼干	能	能	如果情况真的很糟糕

Q. 如果地球像苹果一样被切成两半，会发生什么？你应该去哪儿才能获得最好的生存机会？

——匿名

A.

这里

Q.　如果一个人掉进装满水母的池塘，会发生什么？

——洛伦佐·贝洛蒂

A.　这取决于水母的种类。我见过的最大水母群是海月水母，它们蜇人的感觉很轻，人们甚至都不会注意到。它们的身体摸起来非常结实，就像湿乎乎的软糖。所以掉进池塘的人很可能只会交到一群滑溜溜的新朋友！

Q.　有没有可能把房子的地板做成一个巨大的桌上冰球台？这样你就可以在房间里移动沉重的家具了。

——雅各布·伍德

A.　可以，我现在知道自己的下一个家装项目是什么了。

Q. 我 7 岁的儿子最近在吃饭时问我们，土豆什么时候会熔化（我想是在真空中）。请给我个建议。

—— 斯特芬

A. 土豆在任何温度下都不会真的熔化。淀粉分解并糊化，这是正常烹饪过程的一部分。随着热量增加，不同成分会在不同的温度下升华。

但我想知道的是，你通常都会在他的问题里加上"在真空中"，然后假设他就是这么想的吗？

我过生日的时候能开个比萨派对吗？

你想在真空中举办比萨派对吗？那很难，但我们可以试试……

Q. 如果鸽子不受重力影响，那它能飞到太空吗？

—— 尼克·埃文斯

A. 不能。鸟类可以在零重力下拍打翅膀，应该也能推动自己前进，但高层大气太冷，而鸽子需要呼吸。

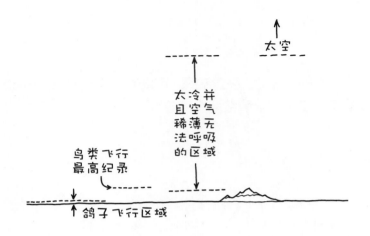

太空

太冷并且空气稀薄无法呼吸的区域

鸟类飞行最高纪录

鸽子飞行区域

Q. 如果你在银河系中盲目飞行，撞上恒星或行星的概率有多大？

——大卫

A. 即使你横穿银河系盘面，并因此尽可能多地待在稠密的星系盘里，那撞上恒星的概率也只有百亿分之一左右。（撞到行星的概率更小，只有撞上恒星概率的千分之一。）

作为对比，这与你决定给巴拉克·奥巴马打电话，随便按了10个数字就一次性猜对号码的概率大致相同。

不过，银河系穿越之旅需要很长时间。如果你每30秒尝试拨一个号码，只需要1万年就可以拨完所有号码。穿越银河系所花的时间则更漫长，以1%的光速飞行，需要1000万年，所以只要你得到奥巴马的电话号码，就有足够的时间和他聊天。

你好，是巴拉克·奥巴马吗？……该死。

嗨，是巴拉克·奥巴马吗？……该死。

Q. 在我们太阳系的各种天体上（可以随意将大小差不多的天体分为一类），除了无限供应的空气和保暖的冬衣外，什么都没有，你通常可以在天体表面（对于气体巨星，就假设你是在大气层中某个神奇平台上，可以合理地将其视为表面）存活多久？也就是说没有头盔、没有增压服，只有一个连接在神奇空气供给器上的口鼻呼吸面罩，以及适合在芝加哥度过冬天的衣服。（不存在使用神奇空气供给器来供暖之类的聪明把戏。）

——梅丽莎·特里布尔

A. ⦿ 地球：大约 100 年。

　　⦿ 金星：几周到几个月。

　　⦿ 其他地方：几分钟到几小时。

　　在金星的大气层中，有一层的温度和压力都相对接近地球表面的普通条件。这是太阳系中除了地球和航天器内部之外唯一与地球表面相近的地方。但我想你皮肤上的硫酸雾用不了很长时间就会让你变老。

金星并没有那么糟糕！如果能睁开眼睛而不被灼伤的话，我打赌景色一定很美。

Q. 如果有人从太空向你扔铁砧，会发生什么？

—— 萨姆·斯蒂勒，10 岁，伊利诺伊州埃文斯顿

A. 好消息是，铁砧够小，所以当它砸到你时，大气会把它减慢到终端速度[2]。坏消息是，铁砧的终端速度大约是 500 英里每小时。

当铁砧砸在你身上时，它从多高的地方掉下来并不重要。

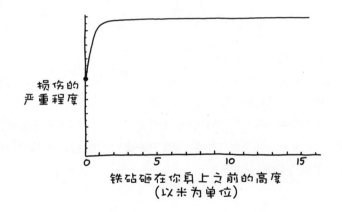

---

2 译注：终端速度是物体下落时，受到的空气阻力与其所受的重力达到平衡，最终达到匀速时的速度。

47 烤出的温暖
TOASTY WARM

Q. 如果我想用烤面包机在房间里取暖怎么办？需要几台烤面包机？

—— 彼得·阿尔斯特伦，瑞典

A. 不需要很多。如果你一直开着烤面包机，房子就可能着火。一旦如此，房子在它剩余的生命里将自动供暖。

但在房子着火前的一小段时间里，烤面包机可以很好地让房子保持温暖。

电暖器并不总是家庭供暖的最佳方式。使用电力直接产生热量的效率通常低于使用热泵加热空气的效率，而且在某些地区，用电力可能比用天然气或燃油加热更贵。

但电暖器的一个巧妙之处在于，它们的效率是一样的：所有电暖器都是每消耗一瓦特的电力，就产生一瓦特的热量。

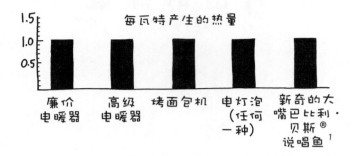

事实上，由于热力学定律，几乎每一个功率相同的消耗电能的电子设备，最终都会以相同的速度将电能转化为热量。一个 60 瓦的灯泡会发光，光线照射到灯泡表面并让它升温，最终它产生的热量与 60 瓦的电暖器相同。烤面包机、搅拌机、微波炉和灯泡都是每瓦特电产生 1 瓦特热量，和电暖器一样。

一台普通烤面包机的功率约为 1200 瓦，美国北部一户普通家庭的供暖系统可能需要提供每小时 8 万 BTU（英制热力单位，1 瓦约等于每小时 3.41 BTU）的电力，这相当于每小时 2.5 万瓦特，也就是说，加热一个房子大约需要 20 台烤面包机。

如果不想让烤面包机干烧空转，你可以试着烤一些面包，但面包很快就会多到你吃不完。如果每台烤面包机可以放两片面包，烤一片要 2 分钟，那么你的烤面包机每小时就能烤 30 片面包。在高峰时期，你消耗面包的速度可能与一个美国中等规模城镇差不多。

这是自切片面包出现以来或用切片面包取暖以来最糟糕的想法。

1　译注：大嘴巴比利·贝斯（Big Mouth Billy Bass）是一种电子感应的说唱机器鱼系列玩具摆件，它的样子很像黑鲈鱼，1998 年由"Bass Pro"商店发明。

48 质子地球，电子月球
PROTON EARTH, ELECTRON MOON

Q. 如果地球完全由质子组成，月球完全由电子组成，会发生什么？

—— 诺亚·威廉姆斯

A. 这可能是我写过的最具破坏性的"What if"情景。

你可以想象一个电子月球围绕一个质子地球运行，有点儿像巨大的氢原子。在某种层面上这是有道理的，毕竟电子绕质子运行、卫星绕行星运行，其实原子的行星模型曾一度流行过（尽管事实证明，它对理解原子并不是很有用[1]）。

---

[1] 到 20 世纪 20 年代，这种模式基本已经过时，但它仍活在我在塞勒姆教会中学六年级的科学课上用泡沫球和扭扭棒精心制作的立体模型中。

如果你把两个电子放在一起，它们会设法分离。电子带有负电荷，电荷间的斥力比把它们拉在一起的引力高 20 个数量级。

如果你把 10^{52} 个电子放在一起（能形成一个月球），它们会非常猛烈地相互排斥分离，从而导致每个电子都**在难以置信**的能量下分散开。

事实证明，对于诺亚设想的质子地球和电子月球而言，行星模型更加不正确。电子月球并不会绕质子地球运行，因为它们之间几乎没有相互影响的机会。试图将每个球体分裂的力量比这两个球体之间的吸引力强大得多。

如果我们暂时忽略广义相对论——回头我们会再讨论它——就可以计算出，这些电子相互推动彼此的能量足以让所有电子以接近光速的速度向外加速运动。[2] 将粒子加速到这样的速度并不罕见，一个台式粒子加速器（比如 CRT 显示器，又名阴极射线显像管），就可以将电子加速到光速的几分之一。但诺亚的电子月球中的每个电子携带的能量都比普通加速器中的电子携带的能量多得多得多。它们的能量将比普朗克能量高几个数量级，而普朗克能量本身就比我们在最大的加速器中能获得的能量高许多个数量级。换句话说，诺亚的问题远远超出了普通物理学范围，进入了量子引力和弦论等高度理论化的领域。

所以我联系了尼尔斯·玻尔研究所的弦理论家辛迪·基勒博士，向她询问在诺亚设定的情景中会发生什么。

2　但不会超越光速，我们忽略的是广义相对论，而不是狭义相对论。

基勒博士表示同意，我们不应该依赖任何计算，因为它为每个电子投入了太多能量，远远超出了我们在加速器中能够测试的范围。"我不相信任何单粒子能量超过普朗克能量的事物，"她说，"我们真正观察到的能量最大（的粒子）存在于宇宙射线中，我想大约是大型强子对撞机能量的 10^6 倍，但还是远远达不到普朗克能量。作为一名弦理论家，我很想说一些很'弦'的话，但事实是，我们就是不知道。"

幸运的是，故事还没有结束。记得刚才我们决定忽略广义相对论吗？现在，这个问题就是少有的能通过引入广义相对论而变得更加容易解决的问题。

在这个场景中有一股巨大的势能，即让这些电子相互远离的能量，它们像质量一样扭曲空间和时间。事实证明，我们电子月球中的能量大约等于整个可见宇宙质量与能量的总和。

整个宇宙的质量能量集中在我们设定的这个（相对较小的）月球空间里，强烈地扭曲时空，甚至可以压倒这 10^{52} 个电子间的斥力。

基勒博士判断："是的，这是黑洞。"但不是普通黑洞，它是一个携带大量电荷的黑洞[3]。要做到这一点，你需要一套不同的方程，不是标准的史瓦西方程（Schwarzschild equations），而是赖斯纳－努德斯特伦（Reissner-Nordström）方程。

赖斯纳－努德斯特伦方程比较了向外的电荷斥力和向内的引力之间的平衡。如果电荷向外的斥力足够大，黑洞周围的视界就有可能完全消失，然后留下一个光线**可以**从中逃逸的无限致密物体——所谓的裸奇点。

裸奇点一旦出现，物理学就开始大面积崩溃。量子力学和广义相对论给出荒谬答案，甚至是不同的荒谬答案。一些人认为，物理定律根本不允许这种情况发生，正如基勒博士所说，"没有人喜欢裸奇点"。

在电子月球的情况中，让所有这些电子相互推动的能量非常大，以至于引力获胜，我们的奇点将形成一个正常的黑洞。至少在某种意义上是"正常的"，它将是一个与可观测宇宙一样大的黑洞。[4]

这个黑洞会导致宇宙坍缩吗？很难说。答案取决于暗能量到底是什么，但是**没人**知道答案。

至少就目前而言，附近的星系是安全的。由于黑洞引力的影响只能以光速向外传播，我们周围的大部分宇宙都不会察觉这荒谬的电子实验。

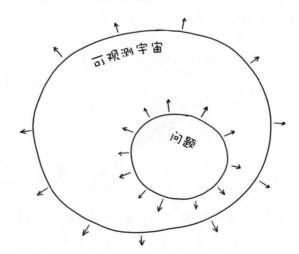

---

3 质子地球也将是这个黑洞的一部分，它会减少电荷，但由于地球质量的质子电荷比月球质量的电子电荷少得多，因此对结果没有太大影响。
4 一个质量相当于可观测宇宙的黑洞，半径为138亿光年，而宇宙的年龄为138亿年，一些人知道了会说："宇宙是一个黑洞！"听起来像是某种深刻的见解，但实际并非如此。宇宙并不是黑洞，首先宇宙里的一切都在扩散，众所周知，黑洞可不会这样。

49 眼 球
EYEBALL

Q. 如果我把自己的一个眼球拿出来对准另一个眼球，我会看到什么（假设神经和血管都没有受损）？

———伦卡，捷克

A. 你会看到一个眼球。眼球会被重影包围，你会看到叠加在房间背景上的一张脸和一只手。

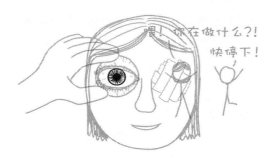

将眼球对准眼球并不会产生某种奇怪的循环（比如将摄像头对准自己的视频画面时发生的那样），每个眼球只能看到一个眼球。如果你小心翼翼把它们排成一行，两个眼球就会重叠，大脑会尝试将两个相似的图像组合在一起，就像你平时用两只眼睛看一个场景那样。

除了视觉中心的瞳孔和虹膜，你的两只眼睛会看到完全不同的场景。一只眼睛可以看到自己的眼皮、头部和你所在房间的一侧，另一只眼睛会看到一个眼球、一只手、一条视神经和房间的另一侧。你的大脑根本无法将这两个重叠的图像结合，所以除了中心的一小块区域外，到处都是重影。

正如我所提到的，我不是医学专业人士，所以对这个想法持保留态度，但我认为你不应该摘掉自己的眼球。

如果你不想徒手做眼科手术[1]，则可以通过镜子了解在这个场景中会看到什么。如果你把一面普通的镜子放在面前并凝视前方，会发现每个眼球都在看它本身，很像你摘除眼球场景中发生的那样。为了更进一步模仿，你可以用一对排成直角的镜子，这样每只眼睛都可以看见另一只眼睛，就像你把自己的眼睛放在面前一样。

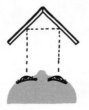

你尝试这样做时，会发现眼睛不能在几英寸内对焦，这是眼睛晶状体的限制所导致的。最小对焦距离会随着年龄的增长而增加，从儿童时期的 2 英寸或 3 英寸增加到

---

1 出于某种原因。

三四十岁时的 6 英寸，在六七十岁时将达到几英尺。但无
论你现在多大，都需要一个放大镜或者一些度数很高的老
花镜，才能把镜子举得足够近，从而看到你眼睛的细节。
额外补充灯光也会有所帮助，因为镜子会挡住来自房间的
光线。

　　因为眼睛是不对称的，所以看到的两个图像也不会对
齐。有了直角镜，你的右眼会在左侧看到另一只眼有半月皱襞，就是位于鼻侧眼角的
一层小肉膜[2]；你的左眼看到的情况正好相反。即使你双眼的虹膜对称且没有彩色斑
点，你仍然可以在边缘看到重影。

　　这看起来确实很神奇——我在写这篇文章的时候尝试了一下，但绝对不值得为它
摘下眼球。眼睛是心灵的窗户，但如果你想凝视它，我还是坚持使用镜子。

为什么你无论如何都要
摘掉你的眼睛？

取出我的隐形眼镜有点
儿难。我想如果我能看
到自己在做什么，那事
情可能就变得更容易了。

2　鸟类有一层瞬膜，它是一层透明的"第三眼皮"，鸟类可以通过眨眼来保护和滋润眼睛。许多其他动物都有这种膜，
　尽管人类和我们在进化论线路上的动物亲戚已经失去了它们。你眼角的那一小块就是瞬膜残留下来的。

50 日 本 出 了 个 差
JAPAN RUNS AN ERRAND

Q. 如果日本的所有岛屿都消失，会不会影响地球上的
自然现象（板块、海洋、飓风、气候等）？

—— 内田美裕，日本

A.　日本群岛形成了一个火山岛弧，一边是日本海，另一边是太平洋。

我不确定美裕正在计划什么类型的"绑架案",但我们就假设整个日本群岛只是去某个地方出了个差。

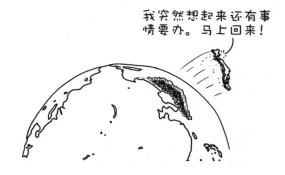

日本（我们指海平面以上的部分）重达 440 万亿吨,如果只是这部分被传送走……

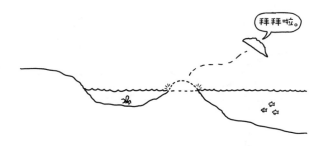

它将使地球的质心和自转轴向乌拉圭（也就是地球的另一边）移动约 1.5 英尺。

重力的变化会让海洋略微晃动,海洋沿着新的大地水准面轮廓线落在一个新的"海平面"上。如果没有日本的重力,海洋会稍微向地球的另一边移动,东亚地区的海平面可能会下降一两英尺,南美地区的海平面可能会上升一两英尺。[1]

---

1 陆地上的大冰盖融化时也会产生这种影响。融化的水会导致海平面整体上升,但由于它们的引力不再将海洋吸引向它们,所以冰盖周围地区的海平面会下降更多。在世界的另一端,海平面的涨幅会超出你的预期。如果格陵兰岛融化,澳大利亚和新西兰的洪水将最严重。有关这方面的更多信息请参阅《如何不切实际地解决实际问题》第 2 章"如何举办一场泳池派对"。

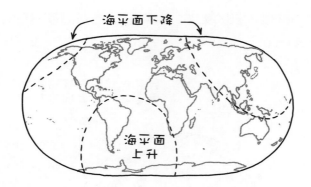

这一英尺半的海平面上升将对乌拉圭产生相当惊人的影响，它会吞没大量海岸线。当然我们不需要假设这个情景，因为这就是未来半个世纪左右人类排放温室气体而导致的海平面上升幅度。

到目前为止，我们只考虑了移除日本高于海平面的部分，那日本的其他部分呢？如果我们把水下的部分也移走呢？

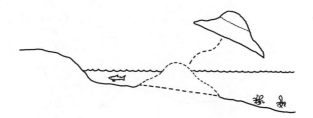

日本水下土地与水上陆地面积的比例超过 10∶1。

如果移走日本的水下部分，地轴的移动幅度会更大，有一二十英尺，海平面的变动也会更大。

移走日本也会对洋流产生很大影响。日本以西的海域与周围海洋之间只有几个浅海峡相连，所以里面的海水相对孤立，它们有自己的环流，使水层保持充分混合，就像北大西洋等大洋的微缩版本。如果没有日本群岛作为"摇篮"，这部分海洋就会自由混入太平洋。

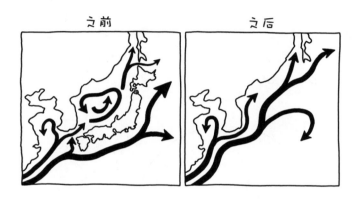

很难预测日本飞走对气候的影响。黑潮[2]将温暖的海水带到太平洋西部边缘，沿着群岛的东侧绕行，使日本变暖。没有了这道屏障，洋流很可能会转而拥抱亚洲海岸，这意味着符拉迪沃斯托克附近的海水会变暖，朝鲜半岛和俄罗斯海岸发生台风的概率可能略有增加。然而符拉迪沃斯托克居民不需要担心风暴潮，因为海平面会下降，符拉迪沃斯托克的玻璃海滩[3]会变得又高又干。

至少从长远来看他们不需要担心风暴潮。如果日本的海底部分消失，海洋中将留下一个巨大空洞，海水会涌入其中，溅起自上一次巨型太空撞击以来的最大水花[4]。海浪将摧毁亚洲东海岸，横渡太平洋时仍足以淹没美洲西海岸，并冲击安第斯山脉和内华达山脉。

---

2 译注："黑潮"指日本暖流，由北赤道暖流在菲律宾群岛东岸向北转向而成。
3 如果你没听说过，我建议你快速进行"符拉迪沃斯托克玻璃海滩"的图片搜索。你不会后悔的！
4 上一次如此规模的海啸发生在 3500 万年前，一块来自太空的陨石击中了北美东海岸。我曾就读于美国弗吉尼亚州的克里斯托弗·纽波特大学，这所大学就建在撞击留下的陨石坑边上。

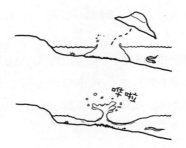

海水回到海洋盆地后，由于西太平洋上日本形状的缺口，海平面将比以前更低。当日本出差归来，想回到老地方安顿下来，同样的灾难就又要再发生一次。

但话又说回来，美裕从未说起日本出差去了哪里。

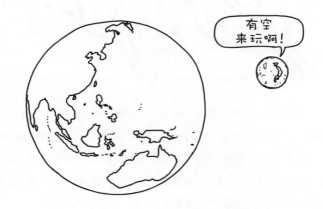

也许它出差就不再回来了。

51 来自月光的火焰
FIRE FROM MOONLIGHT

Q. 你能用放大镜和月光来生火吗？

——罗杰

A. 乍一看，这是个很简单的问题。

放大镜可以将光线集中在一个小点上。很多调皮捣蛋的孩子都会告诉你，一平方英寸的小放大镜就能收集到足够生火的阳光。上网简单搜索一下就会发现，太阳的亮度是月球的 40 万倍，所以我们只需要一个 40 万平方英寸的放大镜，对吗？

然而正确答案是：无论有多大的放大镜，**你都不能用月光生火**[1]。原因有点儿微妙，包含许多听起来错误但实际正确的论点，往往让你跳进光学的兔子洞。

---

1 我很确定布鲁斯·斯普林斯汀有首歌是这么唱的。

首先，经验法则告诉我们：你不能用透镜和镜子让什么东西比光源表面更热。换句话说，你不能用阳光让什么东西比太阳表面更热。

很多光学方法可以解释其原因，但一个更简单（也可能不那么令人满意）的论点来自热力学。

透镜和镜子是"免费"工作的，它们不需要任何能量就能发挥作用。[2] 如果你能用透镜和镜子让热量从太阳流向地面上某个比太阳更热的点，那么你就做到了在不消耗能量的情况下让热量从较冷的地方流向较热的地方。热力学第二定律说你不能这样做，因为一旦如此，你就造出了一台永动机。

太阳约有 5000 ℃，因此你不能用透镜和镜子聚焦阳光从而让物体的温度高于 5000 ℃。月球的向阳面略高于 100 ℃，所以你不能聚焦月光并使什么东西超过 100 ℃，这个温度太低了，大多数东西都不能就这样被点燃。

"但是等等，"你可能会说，"月光和太阳光可不一样！太阳可以说是一个黑体，

2 更具体地说，它们所做的一切都是完全可逆的，这意味着它们不会增加系统的熵。

它辐射的光与它的最高温度相关,但月球是反射阳光,反射的阳光有几千度的'温度',所以以上说法行不通!"

事实证明这说得通,原因我们稍后揭晓。首先,等等——这一规则也适用于太阳吗?当然,热力学的论证似乎很简单,但对于一个有物理学背景、习惯思考能量传递的人来说,这听起来可能有点儿令人费解。为什么就**不能**把大量阳光集中在一个点上,让它变热呢?毕竟透镜可以将光线集中到一个微小的点上,对吧?那为什么它不能把越来越多的太阳能量集中到同一个点上呢?拥有超过 10^{26} 瓦的功率,你应该可以获得任何想要的高温!

透镜不会将光线聚焦到一个点上,除非光源也是一个点,透镜只能将光线集中到一个区域,形成一个微小的太阳图像。[3] 事实证明这种差别至关重要,想要究其原因,让我们来看一个例子:

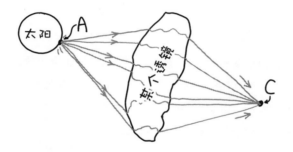

这个透镜将 A 点的所有光线引导到 C 点,到目前为止一切顺利,但如果我们想让所有来自太阳的光都通过透镜集中到一点,就意味着从 B 点发出的光线也要被引导向 C 点。

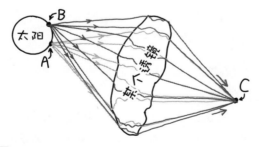

---

3 或者更大的太阳图像。一些家用望远镜,比如木质的"Sunspotter"太阳黑子望远镜,使用透镜将太阳的详细图像投影到一张纸上,就像高分辨率针孔相机一样。这东西有点儿贵,但它是安全观测太阳黑子和日食的绝佳工具。

那么问题来了：如果你从 C 点向透镜射回光线，会发生什么？光学系统是可逆的，所以从哪里发出的光线，也可以反向回到哪里，但透镜如何知道光线一开始来自 B 点还是 A 点呢？

总而言之，没有办法将不同光束互相"叠加"，因为这违反了系统的可逆性。此规则禁止你从现有光束的方向向目标发射更多光线，这就限制了你可以从光源向目标传递的光线量。

也许你不能叠加光线，但如果让它们更紧密地靠在一起，并排设置更多光线呢？然后你可以收集大量排列紧密的光线，并从略微不同的角度瞄准目标。

不，你也不能这么做。[4]

事实证明，任何无源光学系统都遵循一条被称为"光展量守恒定律"的定律。此定律规定，如果光从不同角度并经过一片很大的入射区域进入系统，那么入射区域面积乘以入射角度[5]就等于射出区域面积乘以射出角度。如果你的光集中在一片较小的射出区域，那么它一定会分散在较大的射出角度上。

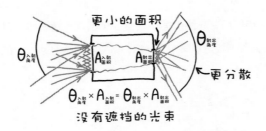

换句话说，你不能在不减少光束平行度的情况下将光束集中在一起，这意味着你不能把它们对准远处的一点。

还有另一种方式来思考透镜的这一特性：它们只会使光源占据更大片的天空，但不能让从一个点源发出的光线更亮。你可以把透镜举到墙上观察来证实这一点，你会

4　当然我们已经知道这一点了，因为刚刚说过，这会让你违反热力学第二定律。
5　在三维系统中为立体角。

发现无论使用哪种透镜，都不能让墙的任何部分看起来更亮，它只是改变了你在那个方向上看过去的那部分。可以看出[6]，让光源更亮违反了光展量定律，所以透镜系统不能做到这一点，它所能做的就是让每一条视线都结束在光源表面，相当于让光源包围目标。

如果你被太阳表面的物质"包围"，其实就相当于飘浮在太阳内部，那你很快就能达到周围环境温度。[7]

如果你被明亮的月球表面"包围"，会有多热？想想看，月球地表的岩石几乎被月球表面包围，它们达到了月球表面温度（因为它们本身**就是**月球的表面）。因此，聚焦月光的透镜系统并不能让什么东西比月球表面小坑中的岩石更热。

这给了我们最后一个证明不能用月光生火的办法："阿波罗计划"的宇航员登月后依然活着。

6　在物理学上，这就是"这可能并不难，但我不想这么做"的意思。
7　参见第61、62和63章，以及"快问快答（五）"，发现更多当你拜访太阳能获得的有趣信息。

52 阅读所有法律

READ ALL THE LAWS

Q. 如果一个人想阅读所有适用于他的管理文件——来自联邦和州的宪法、条约、机关发布的法规、联邦和州法律、地方法令等，他要阅读多少页？

——基思·伊尔曼

A. 我们有很多法律。想了解其中的内容，你必须读一读，否则就可能在不知情的情况下犯罪。众所周知，任何看似平常的爱好或活动都可能违反一些晦涩难懂的法律。

我只是个在家附近闲晃的普通人，爱好园艺、慢跑、捕捉并吃掉候鸟、买卖激光发射器、发射越来越大的火箭模型，以及在城市广场上随意发表诽谤性言论。

希望我不会惹上任何法律麻烦！

我住在马萨诸塞州的一个小镇，因此我受以下法律文件的约束：

- 美国宪法（26 页）
- 联邦法律（82 000 页[1]）
- 马萨诸塞州宪法（122 页）
- 马萨诸塞州法律（63 000 页）
- 我所在城镇的法律（450 页）

总共大约有 145 000 页。如果每分钟阅读 300 个单词，每天阅读 16 个小时，你大约需要 6 个月的时间才能读完。

但这些只是立法机构通过的法规或法律。除此之外，还有经政府授权机构发布的条例、规章。这些文件通常与法律一起发布，其中包括：

- 联邦法规（295 000 页）
- 马萨诸塞州法规（31 000 页）
- 我所在城镇的市政区划条例（500 页）

加上这些规定[2]，我们的阅读量变成了原来的三倍，总阅读时间也接近两年。《美国宪法》第六条增加了另一个法源——条约。

> 本宪法和依本宪法所制定的合众国法律，以及根据合众国的权力已缔
> 结或将缔结的一切条约，都是全国的最高法律……

—— 第六条

美国国务院每年都会公布一份美国所有现行条约和协议的清单，2020 年的清单长达 570 页，这不是条约的长度，而只是条约清单的长度。按每页大约 14 个条约计算，

---

1 在某些情况下，我使用的是实际页数；而在其他情况下，我使用字数并假设每页 350 字，这是印刷法律文件的典型情况。

2 还有"以提述方式纳入"的其他规则，比如电气规程。法律可能会这样说："如果你出售一根疯狂的吸管，它必须符合国家疯狂吸管制造商组织发布的《疯狂吸管标准 385-1.2》。"这些都是你解读法律时可能需要阅读的东西，但它们本身并不真正算作法律的主要来源，所以我们将跳过它们。

总共 7700 个条约。我们随机抽取一个时间段，比如 2005 年 1 月，当时每份条约平均有 33 页。假设这一平均值适用于整个清单，那么所有条约加起来就有 25 万页，这让我们要阅读的总页数达到了约 70 万页，需要两年半的时间才能读完它们。

这不算太糟糕，大致相当于连续看 60 遍《辛普森一家》，我想我已经看过这么多遍了……

　　最后同样重要的是，还存在判例法。当最高法院"推翻"一项法律时，这项法律实际上并没有被删除，法院只是表示它不能再被执行了，有时还会命令人们或执法部门以不同的方式行事。[3] 但法院实际上并不修改法律文本本身，所以阅读原始法律的人可能不知道它被法院"推翻"或修改了。如果你想知道这些"更新"，就必须阅读法院的判决，而事实证明这样的判决有很多。

　　马萨诸塞州的判例法总计约 50 万页，这将使你的总阅读时间再增加两年。联邦判例法的页数又让上面所有这些法律来源相形见绌，它足足贡献了 1230 万页的篇幅。读完所有这些内容——甚至其他联邦区的判例法也包括在内，以防其中发布了同样能约束你的全国性禁令——也需要 41 年，现在算下来总共 45 年了。[4]

>> 我需要把这些法律都读一遍吗？

　　大多数法律都不适用于你。例如，《美国法典》第 42 编第 2141 节（B）条限制了能源部分配核能原料的权限，如果你不是能源部的一员，就不用担心了。[5]

3　有时只是以"推翻"法律的形式出现，但有时它还会扩充法律。
4　根据你对"全国性禁令"的看法，你或许可以通过只阅读最高法院的案件和你所在选区的案件让你的阅读时间下降到可行的（但或许还是不可行）七年。
5　能源部的各位，大家好！我是你们所从事工作的超级粉丝，也是能源的超级粉丝。

但如果不阅读这些法律，你就无法知道哪些法律适用于自己。如果你不知道法律具体如何，那么很多行为都可能给你带来麻烦。例如，《加州食品和农业法典》第27637 条禁止任何人对蛋做出虚假或误导性的陈述。幸运的是，我不住在加利福尼亚州，所以可以自由分享我的蛋理论。

>> 好吧，但说真的，你怎么知道什么是违法的？

为了得到一些答案，我联系了哈佛大学法律图书馆，并询问了研究馆员 A.J. 布莱切纳：作为一个只想参与正常爱好活动（比如火箭或者诽谤）的谦逊公民，我该如何知道什么是合法的，什么是违法的呢？

"公共法律图书馆可以让你有一些发现。"布莱切纳告诉我。此外，初审法院通常有自己的图书馆，对公众开放。"这些服务是为了法官和律师而设立的，但作为公众的一员，你可以直接走进来获得一些帮助。这是很好的资源，但并非众所周知。"

法律图书馆是了解法律的绝佳资源，但如果你担心自己可能会遇到法律麻烦，布莱切纳还有一些更实用的建议："如果你不知道如何回答一个法律问题，找律师可能是个不错的选择。"

>> 我们真的需要所有这些法律吗？

法律赋予人们权力。如果一项法律很复杂，它就给那些有能力聘请律师来解释它的人赋予了权力。国际法教授、哈佛大学法律图书馆馆长乔纳森·齐特雷恩表示："复杂、武断和不直观的法律赋予了国家权力，因为检控自由裁量权意味着他们能够以歧视的态度来挑选法律的执行对象。"

但让法律变得更简单、更模糊并不一定就能将权力从国家转移到人民手中。你可以废除很多法律，代之以"每个人都只需要举止得体"。但这又使执法部门要判定"得体"的定义。

从某种意义上说，法律的长度是无限的，因为它不仅包括词语本身，还包括社会对这些词语含义的理解。加州规定，我不能分享有关蛋的虚假或误导性信息。但是如果我告诉你，可以通过孵化精灵球来得到一只真正活着的皮卡丘，这是一个错误的说法，但这是关于蛋的说法吗？精灵球是一种蛋吗？

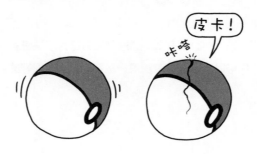

我不认为精灵球是蛋。但也许大多数人认为它们是，我只是不知道这一点，因为我不是那么喜欢精灵宝可梦。这可能会决定什么是违法的，但关于精灵球是否算作蛋的问题在法律文本中没有得到阐明。至少，在写这篇文章时还没有。

>> 你自己的法律

如果你已经读完了所有的法律，但是你乐在其中，并不想停下来该怎么办？

齐特雷恩表示，在某些情况下，你只需请求政府澄清，就可以制定额外的法律。"根据税法，你可以给国税局写一封信，问他们你想做的事情是否会违法。他们的回复就是为你制定的更多的法律！"

因此，如果你想要一部个性化的法律，你可以联系美国国税局，要求一份通过私人信件做出的裁决，并在回信中获得有约束力的结果。美国国税局通常会对这项服务收取费用——这笔费用可能会很高，具体取决于涉及的工作量——但最终你会得到能回答你一直想知道的任何问题的，属于你自己的官方法律。

那些古怪又让人
忧心的问题（三）
WEIRD & WORRYING #3

Q. 如果我跳进一个装有液氮的容器（或以这种方式处理尸体），这个容器需要有多深才能让我（或者尸体）在落到底部时摔成冰冻的碎片？

—— 斯特拉 · 沃尼格

Q. 如果一群蚂蚁突然出现在你的血液中，你会怎么样？

—— 马特，代表他 8 岁的儿子德克兰

Q. 如果哈利 · 波特忘记了 9¾ 平台的隐形入口在哪里，他要随机撞墙多久才能发现它？

—— 马克斯 · 普朗卡尔

53 唾液池
SALIVA POOL

Q. 一个人需要多长时间才能让自己的唾液灌满整个游泳池?

—— 玛丽 · 格里芬,九年级

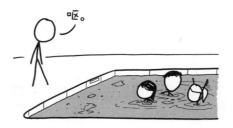

A. 根据一篇名为《对五岁儿童每天唾液总量的估算》的论文,平均每个孩子每天产生大约半升唾液。我想这篇论文肯定是用一个有点儿黏糊糊且滴着液体的信封寄给口腔生物学档案馆的。

按比例来说，一个 5 岁孩子分泌的唾液可能比一个成年人更少，尽管如此，我敢打赌任何人都没有小孩流的口水多。所以让我们保守一点儿，使用论文中的数据。

如果你在收集唾液[1]，就不能用它来吃东西。[2] 你可以通过嚼口香糖或其他东西来让身体产生额外唾液，或者通过喝流质食物或静脉注射等方式解决问题。

按照论文中"每天 500 毫升"的速度，你大约需要一年的时间灌满一个普通的浴缸。

往浴缸里灌满唾液的副作用包括：口干。

装满唾液的浴缸很恶心，但这不是你想要的。出于某种原因（我不想知道为什么），你提出要填满一个游泳池。

让我们想象一个奥运会标准大小的游泳池，它的尺寸是 25 米宽、50 米长。泳池深度各有不同，但我们假设这个泳池有 4 英尺深[3]，你大概可以站在里面。

按每天流 500 毫升唾液计算，你需要 8345 年才能填满这个池子。对于我们其他人来说，等待的时间太长了，所以我们就想象一下，你回到过去提前启动这个项目。

八千年前，覆盖着地球北部大部分地区的冰原大多已经消退，人类才刚刚开始发展农业。让我们假设你是在那时开始了项目的。

---

1 顺便说一句，这个问题真恶心。
2 我希望是这样。
3 国际泳联的网站提到，设置起步台的泳池两端需要稍微深一些，但中间可能会浅一些。规则中似乎没有任何关于最大深度的规定，所以你可以挖一个直通到地球另一边的游泳池，但当你试图按照"设施规定"2.1.4 节中关于在泳池底部绘制车道标线的说明进行操作时，就会遇到麻烦。

到公元前 4000 年，当新月沃土的文明在今天的伊拉克开始蓬勃发展时，唾液已经有一英尺深了，能够完全覆盖你的脚和脚踝。

到公元前 3200 年，当文字被发明的时候，唾液刚好漫过你的膝盖。

大约在公元前 30 世纪中期，大金字塔建成，早期的中美洲文化开始兴起。此时如果你不抬起胳膊，那么唾液就接近你的指尖了。

到公元前 1600 年左右，希腊一座现名为圣托里尼的巨型火山喷发，引发了一场大规模海啸，重创了米诺斯文明，可能也导致了它最终崩溃。这时，唾液已经齐腰深了。

在接下来的 3000 年历史中，唾液高度将持续上升，到欧洲工业革命时，池中唾液将没过胸部，在里面游泳已经轻而易举了。而在最近的 200 年中，唾液升高最后的 3 厘米，池子终于被填满了。

　　当然这需要很长时间，但一切都值得，因为最后你会有一个装满唾液的奥运会标准游泳池。说实话，这不正是我们所有人真正想要的吗？[4]

你应该跳进来！
水质不错！

这里面的每一个字都有问题。

4　不，这不是。

54 滚雪球
SNOWBALL

Q. 如果我试着从珠穆朗玛峰的山顶开始滚雪球，会发生什么？当雪球到达山脚时，它会有多大？这需要多长时间？

—— 米凯琳·耶茨

A. 雪球在潮湿黏稠的雪中滚动后就会变大，当你在珠穆朗玛峰上时会发现那里的雪是干燥的，雪球在滚动过程中不会变得更大，它们只会和其他物体一样从山上滚下来。

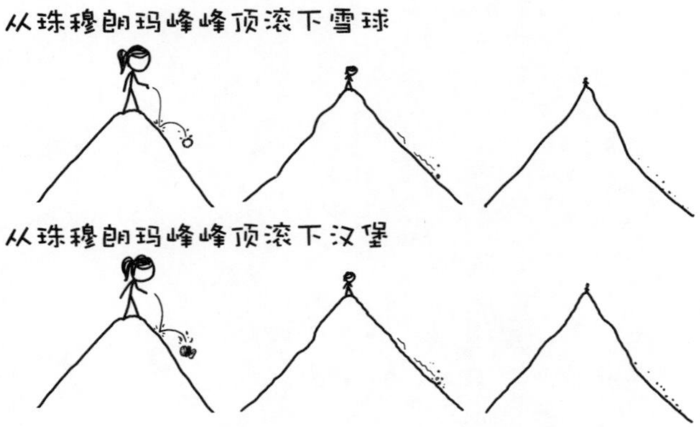

从珠穆朗玛峰峰顶滚下雪球

从珠穆朗玛峰峰顶滚下汉堡

　　但即使珠穆朗玛峰被潮湿黏稠的雪覆盖，可以好好形成雪球，雪球也不会变得很大。

　　滚动的雪球会粘起雪并越滚越大，大雪球又能粘起更多的雪，这听起来像是某种呈指数级增长的秘诀，但理想化的雪球增长实际会随着时间的推移而放缓。雪球变得越来越大、越来越宽，但每滚动一米让直径增加的量很少。雪球的增长速度减缓是因为轨迹的宽度——因此它吸收的雪量也是——与其半径成正比，但新雪必须覆盖的表面积与半径的平方成正比，这意味着每一团新的积雪都必须分布在更多面积上。人们喜欢用"滚雪球"这个词来表示"增长越来越快"，但从某种意义上说，事实恰恰相反。

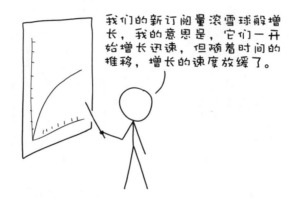

我们的新订阅量滚雪球般增长，我的意思是，它们一开始增长迅速，但随着时间的推移，增长的速度放缓了。

　　珠穆朗玛峰非常高，所以即使增长速度放缓，仍有很大的空间让雪球积起更多的雪。这座山的三个主要山面下降的斜坡大约有 5 千米，然后才平坦地进入冰川山谷。从理论上讲，一个理想的雪球从 5 千米长的斜坡上滚下来，在到达底部时会滚过足够多的雪，直径长到 10 到 20 米。

　　实际上，它滚不过几百米，即使在非常适合的湿黏雪地中也是如此。在被自身重量压塌之前，雪球大小是有限度的。重力将雪球的边缘向下拉，因此雪球的内部充满张力，如果雪球变得过大就会坍塌。

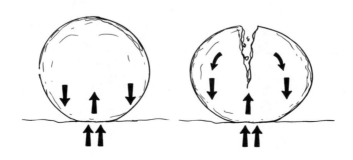

雪具有一定的抗拉强度，这意味着它可以抵抗被拉散，然而它的抗拉强度不是那么高（这就是为什么你看不到用雪制成的绳子），但并不意味着不存在。密实堆积的雪的抗拉强度通常有几千帕斯卡，强于湿沙，弱于大多数奶酪，大约是大多数金属的万分之一。

在工程学中，有一个数字可以衡量一块悬置的材料在因其自身重量而断裂之前可以到达的长度，它被称为"自由悬挂长度"，是一种材料的抗拉强度、密度和重力之间的比率。

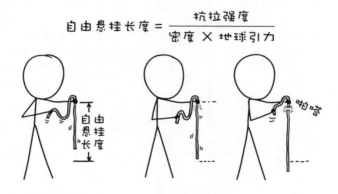

$$自由悬挂长度 = \frac{抗拉强度}{密度 \times 地球引力}$$

关于用一种材料制成的球可以有多大，自由悬挂长度提供了一个相当不错的近似值（至少在一个数量级内）。对于雪来说，自由悬挂长度的数值范围可以从较蓬松的雪的不到一米到厚实致密积雪的一两米。

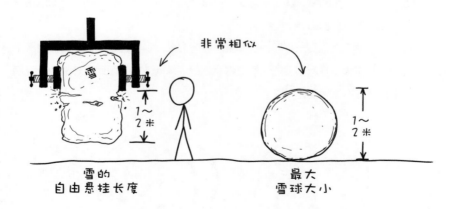

雪的
自由悬挂长度

非常相似

最大
雪球大小

上面的公式让我们可以比较不同的材料，它告诉我们最大的雪球会比最大的沙球更大，然而沙球比雪球更脆弱、密度更大，但最大的雪球比最大的格鲁耶尔奶酪球小，远不及最大的铁球。

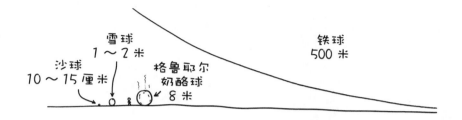

如果你查看人们滚动大雪球下山的视频，就会发现它们通常在直径达到几米大小时裂开，就和公式所说的一样。

但能够支撑越滚越大雪球的斜坡非常罕见，之所以如此，**是因为**它们可以支撑雪球越滚越大。如果雪球在下山的过程中不断增大，它就会碎裂。一个碎裂的雪球会变成一堆小雪球，它们也会开始越滚越大，就像最初的雪球一样。

恭喜你，你发明了雪崩。

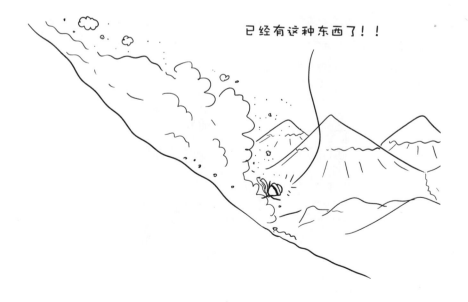

55 尼亚加拉瀑布吸管

NIAGARA STRAW

Q. 如果有人试图用一根吸管将尼亚加拉大瀑布抽走，会发生什么？

—— 大卫·吉兹达拉

A. 这个人将被国际尼亚加拉委员会、国际尼亚加拉管理委员会、国际联合委员会、国际尼亚加拉董事会工作委员会，甚至可能还有五大湖－圣劳伦斯河适应性管理委员会[1]找上麻烦。并且，地球将被毁灭。

---

1 如果我对这些组织结构图的理解没错，那么它本身就是一个由分别负责各个水体的三个委员会组成的超级委员会。

　　嗯，这可不太对。恕我直言，真正的答案是"尼亚加拉大瀑布根本塞不进一根吸管中"。

　　在容器中，你能推动液体流动的速度是有限的。如果你通过一个狭窄的开口泵入液体，液体流动就会加速。如果泵入的流体是气体[2]，那么当气体通过开口的速度达到声速时，它就会"噎住"。在这时，流过这个开孔的气体不能再快了，但你仍然可以通过增加压力（进一步压缩气体）让每秒通过的流量更多。

　　对于水来说，另一种效应会导致它"噎住"。当流体通过开口的速度足够快时，根据伯努利原理，流体内的压力会下降。水总是"想要"沸腾，却被空气压力束缚在一起。当压力突然下降时，水中就会形成蒸汽气泡。这就是所谓的"空化"。

　　当水迫于外力以高速通过开口时，空化气泡会使其总体密度变得更低。增加压力——更用力地推动水流，只会让水沸腾得更快。[3]这会阻止通过开口的水的总量上升，即使水与蒸汽混合物的移动速度更快。

　　水流速的另一个限制来自声速。你不能通过增加压力为流过开口的水加速，使它超过声音在水中传播的速度。[4]然而，水流的速度很少达到这么快，因为"声音（在水中）的速度"非常快。水是很重的，如果你试图让它流得那么快，它往往就会忽略你管道里的转弯。

　　那么，尼亚加拉瀑布需要多快才能穿过一根吸管呢，比声速还快吗？这很容易计算，我们只需要知道瀑布的流速以及它需要穿过的面积，然后用前者除以后者，就可以得出流速。

真好——我们意外做成了一台喷水切割机。

　　尼亚加拉大瀑布的流量至少为每秒10万立方英尺，这实际上是法律规定的。尼亚加拉河平均每秒为瀑布提供约29.2万立方英尺的水，但其中大部分被分流到隧道发电。然而，如果你关闭世界上最著名的瀑布，人们就会生气，所以发电设施被要求留下至少每秒10万立方英尺的瀑布流供人们观看（在晚上或淡季则是5万立方英尺）。人们会定期讨论是否关闭瀑布再次

2　在物理学中，气体被认为是一种流体。

3　阀门设计人员试图避免产生这些蒸汽气泡，因为气泡形成后，随着阀门另一侧的压力上升，它们会迅速塌泡，塌泡产生的力可能会逐渐侵蚀管道。

4　这有点儿像交通堵塞，让更多的车挤到交通堵塞区域的后方并不会让前面的车出来得更快。用交通堵塞和水流堵塞作类比并不完美，但我仍然喜欢这样做，因为想象一个人试图用推土机将更多的汽车推入堵车大队来解决交通拥堵是一件有趣的事情。

进行维护，可能还会看看他们在那里能找到什么酷的东西。

重要提示：如果你让水流过吸管，你就将违反1950年的条约。正是该条约规定了瀑布流量每秒100 000立方英尺的限制。[5] 这是由国际尼亚加拉管理委员会监督的，该委员会由一名美国人和一名加拿大人组成。[6] 他们可能会生你的气，就像我前面提到的其他委员会一样，因此你要自负风险。

一根典型的吸管直径约为7毫米。想算出水流的速度，我们只需用流速除以吸管截面的面积。如果结果大于声速，水流很可能就会"噎住"，从而导致一些问题。

$$\frac{100\,000\,\dfrac{\text{立方英尺}}{\text{秒}}}{\pi\left(\dfrac{7\,\text{毫米}}{2}\right)^2} = 73\,600\,000\,\frac{\text{米}}{\text{秒}} = 0.25\,\text{倍光速}$$

显然，我们的瀑布将以四分之一光速的速度前进。

从好的方面来看，我们不需要担心空化，因为这些水分子撞击吸管壁时的速度够快，足以引起各种令人激动的核反应。在这种高能下，一切都成了等离子体，甚至连沸腾和空化的概念都不适用了。

但情况变得更糟了！光速水喷流产生的反作用力非常大，虽然不足以将北美板块推向南方，但足以摧毁你

水速，是光速的四分之几	有问题吗？
0	也许吧
1	有的
2	有的
3	有的
4	太有了
5	快停下来

5　当然，受到第52章启发而阅读了所有法律和条约的人已经知道这点了。
6　截至2021年，瀑布守护者是加拿大的亚伦·汤普森和美国的斯蒂芬·杜雷特。我猜他们的执法规程只是"提交报告"的一些变体，但我愿意想象他们有权以任何必要的方式将被盗的水归还给瀑布。

用来制造水喷流的任何设备。

　　没有机器真的能将那么多水加速到相对论速度。粒子加速器可以让物体以这么快的速度运转，但它们通常只能吸入一小瓶气体。你不能就这样把尼亚加拉瀑布塞进粒子加速器输入端。如果你这样做了，科学家们一定会非常生气。

　　这种情况下产生的粒子喷流能量将大于所有照射在地球上的阳光能量，因此你"瀑布"的输出功率相当于一颗小行星，这可能是最好的一点了。它散发的热量和光线会迅速升高地球温度，蒸发海洋，让整个地球无法居住。

　　不过，我敢打赌，还是会有人试图乘着木桶飞越其上。

56 回 溯 时 光
WALKING BACKWARD IN TIME

Q. 如果你决定从得克萨斯州的奥斯汀步行到纽约市，
每走一步都会使时间倒退回 30 天前，会发生什么？

——乔乔·约森

A. 在《那些古怪又让人忧心的问题》中，我们想象过当你站在纽约，而时间不停向过去倒退时你会看到什么。这个问题则设想了另一种不同类型的纽约时间旅行。

当你抬起脚迈出第一步，时间开始倒流，太阳划过天空，成为地平线间的一道明亮拱门。随着你周围的人类活动变得模糊，身边的汽车和行人将会消失。

太阳将成为天空中的闪光灯。如果你以正常的速度行走，每秒将有 50 天的时间闪过，这意味着世界将以 50 赫兹的频率在光明和黑暗之间循环。这一频率正好处于眼睛"闪烁融合阈值"的边缘，在这一点上，闪光的速度太快以至于眼睛根本无法分辨，似乎融合在一起，所以光线尽管有一点儿不自然，但总体看起来是稳定的。当天空在阴天和晴朗之间交替，这种变化又将额外附加一层不规则的闪烁。希望你的眼睛过一会儿就能习惯这一切。

太阳将以条带的形式出现在天空中，就像荧光灯管一样。随着夏季和冬季的循环，它会缓慢地上下移动，每七八秒移动一次。当你行走时，周围的树木会慢慢缩回地面。在每年的循环中，成熟的果实会突然从地上跳起，把果树的树枝向下压弯，随着果实的缩小，树枝逐渐上升，果实也缩进树枝中。

让我们假设你从城市中心的得克萨斯州议会大厦开始旅程。从奥斯汀出发，纽约市在东北方向，所以你可能想往议会大厦建筑群的北边出口走。当你到达草坪边缘的西15街时，已经回到2000年了。

---

1 译注：著名的电动平衡车产品公司，第一代产品于2001年上市。

在你右手边的街对面，罗伯特·E.约翰逊立法办公楼会突然解体。当你穿过街道，沿着议会大道走下去时，每隔 5 到 10 秒，就会有一座摩天大楼从视野中消失，就像草原上的土拨鼠躲进洞里一样。

步行 10 分钟后，你会到达 20 世纪 40 年代中期得克萨斯大学奥斯汀分校的某个地方。当你走过校园里的建筑，它们会分崩离析，缩回地面。当你走到校园中间时，这所成立于 1883 年的大学已经不复存在了。

随着这所大学的消失，城外的铁路也将消失，随之不见的还有依靠铁路而存在的数百万英亩耕地。在一两分钟内，杂乱蔓延的农场将被开阔的牧场取代，但这并不是主要生长着百慕大草和巴伊亚草的现代牧场天然草原，而是一个完全不同的生态系统，点缀着树木的草地：失落的美国大草原。

欧洲人对原住民的暴力驱逐将在你周围以一种模糊的方式重演。走了半个小时后，欧洲人离开了，你会身处利潘阿帕奇人[2]之中。

在你行走的过程中，火光会扫过这片土地，其中许多是人们为了帮助维护野牛赖以生存的草原而点燃的。卡多人[3]的农场和城镇位于东北部，但当你到达那里时，它们已经不在了。

当你离开奥斯汀有 20 英里时，已经处在 4000 年前的过去了。随着农业的倒退，玉米和南瓜农场将变得更加罕见。

2　译注：利潘阿帕奇人是北美印第安人的一个族群。
3　译注：北美印第安部落联盟中的一支。

在你走了 12 个小时之后，不祥的发展出现了。在大陆的另一边——魁北克北部，一块薄饼状的冰层开始生长，并向外扩散到整个陆地。在你南边的得克萨斯州海岸，原本会在你步行过程中逐渐下降几米的海平面会突然从海岸后退，露出数百英里长的草原和森林。

经过一整天的步行，当你到达现在是得克萨斯州桑代尔的地方时，大型动物会在你周围激增。如果你停下脚步，可能会看到一头骆驼、一头乳齿象、一只恐狼或一只剑齿虎。路过桑代尔不久，人类就从这片土地上完全消失了。我们不知道为什么当人类出现在这片大陆时，又大又酷的动物们都消失了，但许多人怀疑这可能不是巧合。

在北方，不断扩大的冰盖会吞噬大陆的大部分地区，但它不会像你这样到达这么远的南方，所以你只会在周围气候变化时感到间接的影响。

步行一周后，你到了阿肯色州。在你早前行走时突然侵入大陆的冰，此时断断续续地慢慢退回加拿大，海平面会上升，淹没了现在贫瘠的沿海土地。大约在同一时间，印度尼西亚苏门答腊岛的一座超级火山喷发，形成了现在的多巴湖。一些科学家推测，火山喷发造成了长达十年的全球寒冬，并导致人口骤降，但这一假设存在争议。如果你能停步一分钟，记录一下所看到的东西，研究人员会非常感激你的。

步行十天后，你将到达密西西比河，比预计的略早一点儿。这条古老的河已经以某种形式存在了数百万年，但它经常改道，你可能会发现它出现在其现代位置的西边。走近时你会看到它在泛滥平原上反复波动，几乎以你步行的速度来回甩动；周围是周期性淹没你身旁平原的洪水产生的模糊闪光。从你的角度看，这条河的流速是光速的1% 或 2%，但愿能有什么功能让你低速运动的肺部充满空气，防止你在试图穿越河流时不幸溺水。

4　译注：间冰期是大冰期中相对温暖的时期。

假设你成功渡过了这条河，你会在河的另一边发现更具北极色彩的风景。惊喜吧？这是另一个冰河时代的冰川！

这一次是伊利诺伊冰期，北美最极端的冰期之一。对于冰川本身来说，你的路径太偏南，但在冰川扩张之前，冰川洪水反而会淹没你的周围。冰川融水的洪流会定期从海洋中涌出，从你身边向北冲过，流向冰墙，并冻结在原地。

在你穿越田纳西州、肯塔基州北部云杉和杰克松林的一周左右时间内，气温将稳步上升。大约三周后，当你到达俄亥俄河和阿巴拉契亚山脉时，天气将变得非常温暖。你将处于 24 万年前间冰期的温度顶峰，当时的气温几乎和今天一样。[5]

当你穿过阿巴拉契亚山脉时，冰盖会向你做最后的冲刺，这是 25 万到 30 万年前所谓的 MIS-8 冰期的一部分。你的路线也许足够靠南，能够避开它们，但如果你碰巧走了一条更靠北的路线，可能会遇到一堵随着季节的推移而扩张和后退的脉动墙。如果你靠得太近，冰盖的裂片偶尔会以货运列车的速度和更大的动量向前涌动。记住千万别靠得太近。

---

5 我是在 21 世纪初写这篇文章的。

当你穿过新泽西州北部的山丘,接近纽约市时,最初会看到一片绿草如茵的平原,河流会从这里向东南部流去。但当你走近时,远处的大海就会映入眼帘。它看起来就像一股漫长而缓慢的潮水,在地面上不断前进,有时和行走的速度一样快。当你到达纽约市时,也就是大约 30 万年前,海滩已经在那里迎接你,此时海滩已经很接近现代的海岸线。

虽然海洋可能还位于相同位置,但纽约的风景不会特别容易辨认。在 30 万年间,现代人们熟悉的地标已经被冰川冲刷,被河流重塑。

在《那些古怪又让人忧心的问题》中,读者们站在纽约城中往回穿越时间,从 10 万年前跳到 100 万年前。你如果站在适当的位置,在适当的时间大声呼唤,也许就可以引起他们的注意……

……你们就可以一起吃点心了。

57 氨管
AMMONIA TUBE

Q. 如果你用管子把氨输送到胃里，会发生什么？多快的流速才能使你的胃被释放的热量灼伤？新产生的氯气会对你的胃造成什么影响？

——贝卡

A. 我有点儿担心你的化学课。

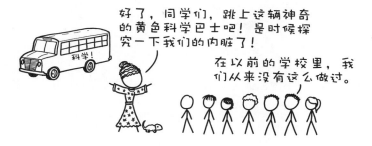

好了，同学们，跳上这辆神奇的黄色科学巴士吧！是时候探究一下我们的内脏了！

在以前的学校里，我们从来没有这么做过。

这绝对是我收到的最令人担心的问题之一。但必须承认，我对这个问题的答案也感到非常好奇。

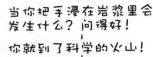

德里克·洛是研究化学的专家，也是博客"管道输送中"（In the Pipeline）的作者。他有很多关于令人不快的化学物质的一手经验，所以我请教他氨会对胃造成什么影响。他告诉我的好消息是这种反应不会产生氯气。氨是一种碱，所以它会直接与你胃里的酸反应，并中和它，形成一种盐。这种叫氯化铵的盐会对你的消化系统产生轻微的刺激，但本身没有特别的危害。然而，上述反应也会产生大量热量，所以当酸和氨中和时，你会遭受胃部灼伤。

并不是所有的氨都会被中和。"限制因素是酸"，洛告诉我。你的胃里没有**那么**多酸，所以氨用不了多久就能把它们都中和掉。"然后，"他说，"你就会遭受直接组织损伤。"

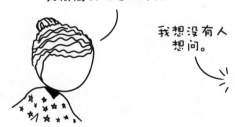

来自医学参考图书馆 StatPearls 的一篇关于氨中毒的综述中包括以下短语。

- "炎症反应"
- "不可逆的疤痕"
- "严重烫伤"
- "液化性坏死"
- "消化道损伤"

- "蛋白质变性"
- "空腔脏器穿孔"
- "皂化反应"

如果你想知道，皂化反应是将脂类（在这种情况下就是指让细胞结合在一起的膜）转化为肥皂。这会使细胞内部的东西掉出来，并不是件好事。我**真的**希望不用再进一步解释了。

总而言之：

1. 不要在胃里装满氨。

2. 应该有人来检查一下贝卡的化学课。

58 地月消防滑杆
EARTH-MOON FIRE POLE

Q. 我五岁的儿子今天问我：如果月球和地球之间有一根消防滑杆，那么从月球滑到地球需要多长时间？

——拉蒙·舍恩伯恩，德国

A. 首先要声明几点。

在现实生活中，我们无法在地球和月球之间放置一根金属杆[1]。金属杆靠近月球的一端会被月球引力拉向月球，其余部分则会被地球引力拉向地球，这样会导致杆子断成两截。

这个计划的另一个问题是：地球表面的自转速度快于月球绕转地球的速度。因此，如果你试图将这根长杆固定在地面上，那么长杆在地球的一端将会断裂。

---

1 首先，NASA 的某个人可能会朝我们大骂。

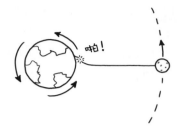

还有一个 [2] 问题：月球与地球的距离并不是恒定的，月球轨道的存在让它离我们忽近忽远。这其中差距虽然不大，但足以使你的消防滑杆每个月都有一次被戳进地球数千千米以上的情况发生。

那先让我们忽略这些问题吧！如果我们有一根神奇的杆子，从月球向下悬吊到地球表面，它会膨胀和收缩，因此不会碰到地面上，会怎么样呢？从月球滑下来又需要多长时间？

如果你站在长杆靠近月球一端的旁边，会立刻遇到一个问题：必须先沿着杆**向上**滑，而"滑"可没有这样向上的原理。

你必须先爬，而不是滑。

人类的爬杆速度确实挺快的。爬杆运动的世界纪录 [3] 保持者在比赛 [4] 中的攀爬速度可以超过 1 米每秒。在月球上，重力弱得多，所以攀爬更容易。不过你必须穿着太空服，这会使爬的速度变慢一点儿。

如果你顺着杆子爬到足够远的地方，地球引力就会开始控制你，把你向下拉。当

---

2 好吧，这是个谎言——至少还有几百个问题。
3 确实有一项爬杆的世界纪录。
4 确实也有这种锦标赛。

你人在杆子上时，会有三种力作用在你的身上：地球引力把你拉向地球，月球引力让你远离地球，旋转的杆子的离心力也把你拉离地球。[5] 起初，月球的引力和离心力的合力更强，把你拉向月球，但随着你离地球越来越近，地球的引力会占据主导地位。因为地球比月球重，所以你在离月球很近的时候就能到达这个点——也就是众所周知的拉格朗日点 L1。

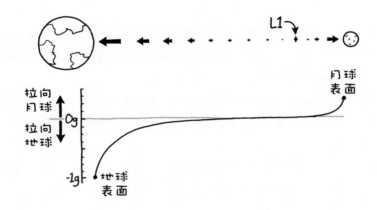

  遗憾的是，太空太大了，所以"很近"的距离仍然是漫漫长路。即使你的速度比世界爬杆纪录更快，你仍然需要若干年时间才能到达拉格朗日 L1 临界点。

  接近 L1 点时，你就可以开始从攀爬切换到推进与滑行：你可以推进一次，然后沿着杆子滑上很长一段距离。你也不必等到停下来，可以再次抓住杆子，继续给自己一个推力，这样会移动得更快，就像滑板运动员蹬地加速一样。

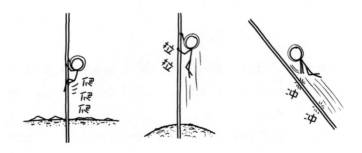

5　在月球轨道的距离并以月球绕转速度运行时，离心力和地球引力平衡。这就是月球在现轨道上运行的原因。

最终，当你到达 L1 点附近，不再与月球引力抗衡时，对你速度的唯一限制条件将是你能多快抓住杆子并将自己甩出去。最好的棒球投手能以每小时 100 英里的速度挥动他们的手，同时将物体抛出去，所以你不能指望自己的移动速度比这快很多。

注意：当你向前冲的时候，当心不要飘移到够不着杆子的地方。但愿你带了安全绳，如果发生这种危险情况，还可以挽救一下。

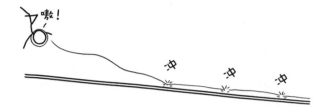

沿着杆子又滑行了几周后，你会开始感受到地球引力完全控制了你，这比你自己冲锋的速度更快。当这种情况发生时，你要小心了——马上你就要担心速度过快了。

随着你接近地球，地球对你的引力增大，你会开始急剧加速。如果不能停下来，你将以接近逃逸速度（11 千米每秒）的速度到达大气层顶端，与大气碰撞、摩擦，从而产生大量的热，你会面临被烧毁的危险。航天器使用隔热罩来解决这个问题，隔热罩能够吸热和散热，从而保护航天器的安全。你现在有这个神奇的金属杆，可以通过控制抓紧的程度来控制下降状态，并通过摩擦来减缓自己的速度。

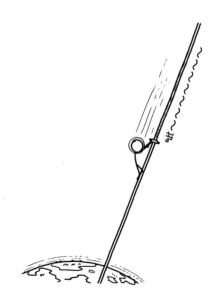

在靠近地球和下降的整个过程中，请一定要保持低速度，必要的话，还需要暂停一会儿让你的手或"刹车片"冷却一下，而不是等到最后才试图放慢速度。如果你达到了逃逸速度，那么在你想起需要放慢速度的一分钟前，试图抓住杆子时，肯定会收到一个难受的惊喜。最好的结果是，你被甩了出去、摔死；最坏的结果是，你的手和杆子表面都会转变为令人激动的新物态，**然后**你再被甩出去、摔死。

假设你缓慢降落并以可控的方式进入大气层，很快就会遇到下一个问题：杆子的移动速度与地球不同。事实上两者差得很多，你脚下的大气层和大地相对于你而言运动得非常快。你即将被卷入极强的风中。

等一等……我滑下去之后，这风速究竟是多快？

　　月球以大约 1 千米每秒的速度绕地球运行，大约每 29 天绕行一周，这就是我们的滑杆顶点的移动速度。在相同时间内，杆的底点画出的圆圈小得多，相对于月球公转轨道，它的平均移动速度仅为 35 英里每小时（约合 56 千米每小时）。

　　也许时速 35 英里听起来并不糟糕。但不幸的是，地球也在自转[6]，地面的运动速度比 35 英里每小时快得多，而在赤道上可以达到 1000 英里每小时以上[7]。

　　尽管杆子的端点相对于整个地球的运动速度很慢，但相对于地球表面的运动速度非常快。

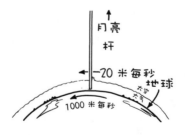

6　在这种特定背景下，我才会说"不幸"。总的来说，地球自转这一事实对于你和地球的宜居性来说都是非常幸运的。

7　众所周知，从海平面算起，珠穆朗玛峰是地球上最高的山峰。但有一个冷知识，地球表面距离其中心最远的一点是厄瓜多尔的钦博拉索山顶，因为地球在赤道处略微凸起。一个更冷门的问题，地球自转时，地球表面的哪个点运动最快（等于问哪个点离地轴最远）？答案既不是钦博拉索山，也不是珠穆朗玛峰。最快的地方是卡扬贝火山（卡扬贝火山的南坡恰好也是赤道上地球表面的最高点，我懂很多有关山的知识）的山顶，这是位于钦博拉索山以北的一座火山。

　　问杆子相对于地球表面的移动速度，实际等于问月球的地表速度。这很难计算，因为月球地表速度会以一种复杂的方式随时间变化而变化。幸运的是，它没有太大的变化，通常在 390 米每秒到 450 米每秒之间，或者说略高于 1 马赫，所以没有必要计算出准确的数值。

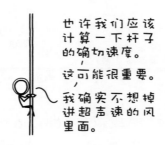

　　好吧，让我们花一点儿时间，试着弄清楚这一点。

　　月球表面速度的变化很有规律，会形成一种正弦波形图。它在经过快速移动的赤道时达到每月两次的峰值，然后在经过移动较慢的热带地区时达到最低值。月球的轨道速度也会根据它在轨道的近地侧或远地侧而变化，这导致了一个大致为正弦波形状的月球表面速度：

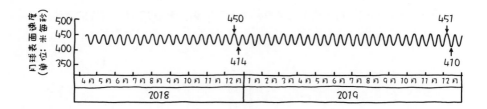

　　好了，准备好跳了吗?

　　好吧。我们还可以考虑另一个周期以确定月球表面速度。月球轨道相对于地球 –
太阳平面的倾角约为 5 度，地轴倾角为 23.5 度。这意味着月球直射点纬度的变化与
太阳类似，它会一年两次在南北半球热带间穿过。

　　然而，月球轨道的倾斜是以 18.9 年为周期的。当月球轨道倾角与地轴倾角方向
相同时，它比太阳更接近赤道 5 度；而当它处于相反的方向时，会到达更大的纬度。
当月球经过距离赤道较远的一点时，它的地面速度较低，因此正弦波的波谷也较低。
下图是未来数十年月球表面速度的曲线图：

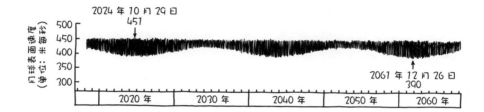

　　月球的最高速度基本保持不变，但最低速度的起伏周期为 18.9 年。下一次出现
最低速度将是在 2025 年 5 月 1 日，如果你可以等到 2025 年再滑下去，那么进入大
气时杆子相对于地球表面就"仅以"390 米每秒的速度移动。

　　当你最终进入大气层时，将降落在热带边缘附近，请尽量避开热带急流———一种
与地球自转方向相同的高层气流。如果你的杆碰巧穿过它，可能会使风速再增加 50
米每秒到 100 米每秒。

　　无论你在哪里降落，都需要做好抵抗超声速风的准备，所以你应该穿上足够多的
防护装备，确保自己被紧紧地绑在杆子上，因为风和各种冲击波会猛烈地撞击你，使
你不停摇晃。人们常说："杀死你的不是下坠的过程，而是最后落地的那一刻。"不
幸的是，在当前情况下，两者都很致命。

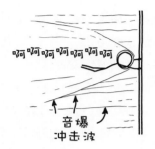

为了抵达地面，你不得不从杆子上松手，显然你不想在以1马赫速度移动时直接撞到地面上。也许你应该等到接近航空公司的巡航高度时——那里的空气仍然很稀薄，但不会太狠地拉扯你——松手离开滑杆。然后，当气流将你带走，你向地球坠落时，就可以打开降落伞了。

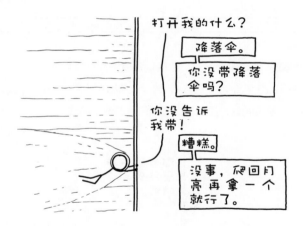

终于，你安全飘到地面，完全依靠自己的肌肉力量从月球旅行到了地球。假设你不会在杆子底部停留太久等待跳跃时机，整个旅程将持续数年之久，其中大部分时间都花在了月球表面附近时的爬杆上。

最后，记得把杆子挪走，这玩意儿绝对是个巨大的安全隐患。

快 问 快 答 （ 五 ）

Q. 生命会在一直运转的微波炉中进化吗？

——艾比·多斯

A.

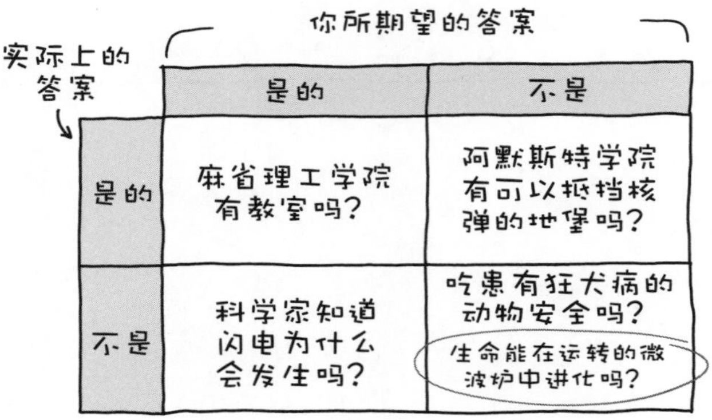

Q. 我是一个护士，今晚在急诊室工作时，一名患者要了一杯水。我拿了一纸杯水回来，病人立刻把它扔向我的头。虽然没打中我，但纸杯却以一种不可思议的方式撞到了墙上。杯子的开口撞到了墙，杯子里大部分水都没有飞溅出来。我突然想到，也许可以把一杯水泼得足够用力甚至让装水的容器穿过墙壁。这有可能吗？

——皮特

A. 当然，如果你扔得足够用力，那么任何东西都能穿墙而过。此外，我认为这个问题可能违反了 HIPAA 法案[1]。

- -

Q. 你要咀嚼得多慢才能无限吃面包棒？

—— 米勒·布劳顿

A. 橄榄园餐厅（Olive Garden）的面包棒（配大蒜）含有 140 卡路里，所以为了维持你身体的静息代谢，你每小时需要吃的面包棒略少于一根。

如果你把每个面包棒分成 20 口……

……并以每次咀嚼 1 秒的速度咀嚼它们……

……并且每一口都咀嚼 200 次，这是 20 世纪初痴迷于咀嚼的怪人霍勒斯·弗莱彻（他并不是一个医生）所倡导的 100 次咀嚼的两倍……

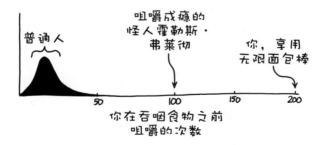

……然后你就可以无限享用面包棒了。

- - - - - - - - - - - - - - -

1 译注：美国前总统克林顿于 1996 年签署的健康保险携带和责任法案。

你知道的，我想我不会想要一直吃面包棒。

Q. 如果你想办法把鸡蛋里的蛋白和蛋黄去掉并换成氦，蛋壳会飘浮在空中吗？[2]

—— 伊丽莎白

A. 不会。一个中等大小的鸡蛋重约 50 克，但是蛋壳占据的空气大约重 50 毫克，所以即使蛋里是真空的，浮力也无法举起超过 50 毫克的重量。

一个蛋壳有几克重，它会待在地上。

该死，我的氦鸡蛋不会浮起来了。

哦是的，我听说那只在春分时有效。

---

2 这个问题的灵感来自英国真人秀竞赛节目《头号任务》（*Taskmaster*）中的一集，在这一集中，参赛者马瓦安·里兹万试图做到这一点，但没有成功。

有一种简单的方法可以让你不需要做太多计算就能回答"它会飘浮吗"这类问题。水的密度大约是空气的 1000 倍 [3]，所以如果你想知道充入氦气的物体是否可以飘浮，只需要估计它充满水时的质量，然后将小数点往前移动 3 位就行了，这就是它里面的氦气所能产生的浮力大小，容器本身也必须有相应的重量才能浮起来。

例如，一个装满水的鱼缸可能重 150 千克，这意味着它排走了大约 0.15 千克（150 克）的空气，大约相当于一部智能手机的重量。因为一个空鱼缸肯定比智能手机重，所以一个装满氦气的鱼缸不会在空气中浮起来。

Q. 如果可以闻到恒星的气味，那会是什么味道？

—— 芬恩·埃利斯

A. 十分刺鼻，像漂白剂或燃烧的橡胶。

恒星是由等离子体（大量高速运动的带电粒子）组成的，当你闻到它们气味的时候自己肯定被烧焦了，但让我们想象一下，你取了一份等离子体样本，将粒子减慢到足以让你闻到它的味道，而不会改变它的化学成分。

等离子体会立即吸附到你鼻子的内表面。电离粒子具有极强的化学反应活性，离子会开始与鼻腔内壁交换电子，并在覆盖嗅觉感受器的黏液中形成化学反应分子——自由基。这些感受器的受体一般是有选择性和辨别力的，但这些松散的不平衡分子会

3　差值实际上更接近 830 倍，但如果你四舍五入到 1000，计算会变得更容易，而且几乎完美补偿了氦的重量（我们忽略了它），从而得到正确的答案。有时在计算中犯两个错误可能会得到正确结果！

与任何东西结合，因此许多受体会同时被激活。

我们可以从 1991 年的一项研究中窥探恒星闻起来可能是什么味道，该研究调查了在癌症治疗期间鼻腔受到辐射的人们。他们说闻到一股难闻的气味。机器打开后，他们用各种不同的描述来形容那股味道："氯""燃烧的氨""刹车烧焦味"和"芹菜或漂白剂"。放射治疗产生的难闻气味很可能是因为伽马射线电离了鼻腔内的黏液，产生了臭氧和自由基，以与恒星等离子体相同的方式激活了他们的嗅觉受体。

反正恒星的味道可能不是很好闻。

如果你闻过臭氧的味道，多少会有些感受。与电火花相关的烧灼气味很多来源于臭氧，它可能由高压设备、一些电动机和雷击引发。但要记住不要闻太多，吸入这种东西对你的鼻子、喉咙和肺部都没有好处。

事实上，恒星尝起来的味道更容易猜测：酸味。我们舌头上的酸味受体是由自由氢离子激活的，我们通常在食物中以酸性液体的形式遇到氢离子。恒星大气大部分由氢离子组成，所以它会非常直接地激活我们舌头上的这些受体，从而让我们尝到极强的酸味。

Q. 地球上所有人造物体的平均大小是多少？

—— 马克斯·卡弗

A. 不会太大，也不会太小，大约是平均水平。

平均大小尺寸的物体
（没按比例画）

Q. EEEEEEEEEEEEEEEEEEEEEEEEEEEEEEEEEE
EEEEEEEEEEEEEEEEEEEEEEEEEEEEEEEEEEEE
EEEEEEEEEEEEEEEEEEEEEEEEEEEEEEEEEEE
EEEEEEEEEEEEEEEEEEEEEEEEEEEEEEEEEEE
EEEEEEEEEEEEEEEEEEEEEEEEEEEEEEEEEEE
EEEEEEEEEEEEEEEEEEEEEEEEEEEEEEEEEEEE
EEEEEEEEEEEEEEEEEEEEEEEEEEEEEEEEEEE
EEEEEEEEEEEEEEEEEEEEEEEEEEEEEEEEEEE
EEEEEEEEEEEEEEEEEEEEEEEEEEEEEEEEEEEE
EEEEEEEEEEEEEEEEEEEEEEEEEEEEEEEEEEEE
EEEEEEEEEEEEEEEEEEEEEEEEEEEEEEEEEEEE

EEEEEEEEEEEEEEEEEEEEEEEEEEEEEEEEEEEEEEEEEEE
EEEEEEEEEEEEEEEEEEEEEEEEEEEEEEEEEEEEEEEEEEE
EEEEEEEEEEEEEEEEEEEEEEEEEEEEEEEEEEEEEEEEEEE
EEEEEEEEEEEEEEEEEEEEEEEEEEEEEEEEEEEEEEEEEEE
EEEEEEEEEEEEEEEEEEEEEEEEEEEEEEEEEEEEEEEEEEE
EEEEEEEEEEEEEEEEEEEEEEEEEEEEEEEEEEEEEEEEEEE
EEEEEEEEEEEEEEEEEEEEEEEEEEEEEEEEEEEEEEEEEEE
EEEEEEEEEEEEEEEEEEEEEEEEEEEEEEEEEEEEEEEEEEE
EEEEEEEEEEEEEEEEEEEEEEEEEEEEEEEEEEEEEEEEEEE
EEEEEEEEEEEEEEEEEEEEEEEEEEEEEEEEEEEEEEEEEEE
EEEEEEEEEEEEEEEEEEEEEEEEEEEEEEEEEEEEEEEEEEE
EEEEEEEEEEEEEEEEEEEEEEEEEEEEEEEEEEEEEEEEEEE
EEEEEEEEEEEEEEEEEEEEEEEEEEEEEEEEEEEEEEEEEEE
EEEEEEEEEEE

—— 内特·余

A.

我感受到了，内特。

59 全球降雪
GLOBAL SNOW

Q. 来自我 7 岁的儿子欧文：需要多少片雪花才能将整个世界覆盖 6 英尺厚的雪？（我不知道为什么是 6 英尺……但他就是这么问的。）

——杰德·斯科特

A. 雪是蓬松的，因为它包含大量空气。与一英寸雨的水量相同的雪可要高多了。

一英寸雨通常相当于一英尺厚的雪，但取决于是什么类型的雪。如果雪又轻又蓬松，那么一英寸雨的水量可能会产生超过 20 英寸厚的雪！

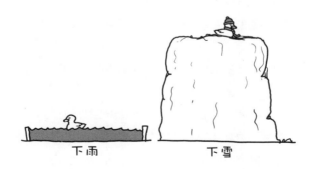

下雨　　　　　下雪

世界上所有云加在一起大约有 13 万亿吨的水，如果所有的水被均匀地分散开来并同时落下，将会有一英寸深的雨或一英尺厚的雪覆盖地球。

地球的大部分是海洋。如果我们只是让水落在陆地上，那么就可以产生三四英寸深的水，相当于一场大暴雨的降雨量。

所以三四英寸深的水应该相当于三四英尺厚的雪，对吗？

差不多，但有个问题。当雪堆积起来时，底部的雪就会被压扁。如果一英尺的雪落下，然后再落下一英尺的雪，底部的雪就会被压扁，这意味着整个雪堆的高度不到两英尺。

如果你把雪留在那里不管，随着它的沉降和压实，雪堆会慢慢变得越来越少。这意味着即使到处都下了 6 英尺的雪，雪堆也只在一开始有 6 英尺高。用不了多久，它可能会变成 5 英尺高。（这也发生在人类身上，你在一整天过去时会越来越矮，因为人体也会被压实一点点！）

这使得我们很难准确记录降雪量，有时甚至连气象专家也很难做到！如果你等到暴风雪结束后再去测量雪的高度，可能雪堆都被压扁了，或者有些雪已经融化了，所以你的测量结果就太小了。

你可以分次测量雪，而不是等到暴风雪结束后再测量。可以先让部分雪落下直接测量它，然后把它清除掉，等待更多的雪落下。

你必须决定清走多少雪。如果等得太久，雪可能会被压得太扁，但如果测量得太频繁，雪总是轻盈蓬松，你会得到一个过高的数值。

信不信由你，美国国家气象局已经为清除积雪的频率编写了专门的指南，因此每个人都可以用同样的方法来测量。他们使用一块特殊的测雪板，可能只是一块普通的

木头，但我喜欢想象人们把它当作精密仪器一样对待，并在需要用到它之前将其锁在特制的柜子里。

官方指南说，你应该每 6 小时清理一次测雪板。几年前发生了一场大的暴风雪，巴尔的摩机场的降雪量为 28.6 英寸，这本来将成为一项新的纪录，但后来美国国家气象局了解到，测量降雪量的人是每小时清理一次测雪板，而不是每 6 小时一次。所以他们不知道是否应该把它算作纪录。

我没有看到他们最终的决定，因为 4 天后另一场暴风雪袭击了巴尔的摩，每个人突然都有了更重要的事情要担心。（然后在那一次之后还有更多次，那是一个多雪的冬天。）

尽管如此，人们依旧从来没有见过整个世界覆盖着 6 英尺厚的雪的冬天。[1] 这样的降雪——为了回答最初的问题——总共需要 10^{23} 片雪花，结果可能会相差几个零。有了这么多的雪，美国 7000 万儿童每人都能做出足够多的雪球，并用雪球击中其他孩子 3 次以上。

或者，如果当全球降雪发生时，你所在的地方恰好是炎热的夏天，可以把雪球都留给自己。

1　除非第 56 章中的多巴大灾难理论被证明是真的。

60 犬过量
DOG OVERLOAD

Q. 假设每 4 个人中就有 1 个人养了一只 5 岁的狗，这些狗每年繁殖一次，每次生 5 只小狗，这些小狗从 5 岁开始繁殖，15 岁停止繁殖，20 岁死亡，假设我们有足够的食物、水和氧气来维持它们的生存，地球多久会小狗泛滥成灾？

—— 格里芬

A. 如果地球上 80 亿人口中有四分之一的人有狗，那就有 20 亿只狗，这已经是一个可怕的数字了。没有人确切地知道目前世界上有多少只狗，但估计不到 20 亿只。

第二年，这20亿只狗将会繁殖100亿只小狗，那狗的总数将增加到120亿只，足以让其他四分之三的人口都能得到一只属于自己的小狗。

在最初的5年里，这20亿只狗每年将继续繁殖100亿只小狗[1]。到第五年结束时，地球上每个人平均将拥有6到7只狗。

在第六年的时候，于第一年出生的小狗会开始繁殖自己的小狗，真正指数级的增长开始了。这一年狗的数量将变为原来的两倍多，从520亿只增加到1120亿只。下一年这一数字将几乎再翻一番。到第11年，我们将达到电影《101只斑点狗》里所说的数量，届时每个人都将拥有101只狗，其中大约85%的狗年龄在5岁以下。

---

1 我假设每只狗生下5只小狗，而不是每对。要么它们配对生下10只小狗（父母各5只），要么它们都是雌性，通过克隆进行孤雌生殖。

在达到《101 只斑点狗》中的平均数量时，狗的总生物量将与地球上所有其他动物的总量相媲美。再过几年，每个人将有 1001 只狗，土地将开始变得拥挤。如果这些狗均匀地分布在地球表面，那么它们之间的距离约为 5 米。

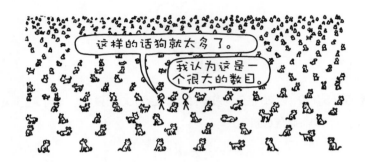

15 年后，最初那群狗将达到 20 岁，或者按狗的年龄计算是 140 岁，它们因衰老而死亡。但与全球约 10 万亿只狗相比，这个数量太少了，以至于它们的消失只是个四舍五入的误差。

20 年后，地球所有陆地上的狗将只能相距一米，只给我们人类留下勉强挤在它们中间的空间。无论你在哪里，你都能伸出手拍拍一只狗，可见这是一件大事。

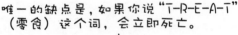

25 年或 30 年后，狗开始肩并肩地堆积起来。幸运的是，这一场景保证了它们的食物、水和长寿[2]，所以我们假设这些狗喜欢堆叠在一起，并能愉快地容忍这种状况。到 40 年后，我们的摩天大楼将开始消失在欢快的毛茸茸海洋之下。

---

2 读过《那些古怪又让人忧心的问题》的人都不希望再出现一摩尔鼹鼠的情况。

在接下来的十年里，狗群将吞并山脉，并溢出到海洋中。在这一点上，狗的增长速度将是稳定的，狗的数量每年增长约 1.657 8 倍。甚至，某一年的狗的总数量可以用一个简单的指数函数来估计。

到第 55 年时，这些狗将取代大气层，超过月球的重量。65 年后，当它们的数量达到 1 摩尔（6.022×10^{23}）时，重量将超过世界本身。地球将不再是一个有狗在上面的星球，而是一群狗找到的一个可以玩耍的星球。

当然，这不可能永远持续下去。120 年后，不断膨胀的狗球体的外缘将吞没太阳。即使我们假设狗形成了某种戴森球体来避免这种情况……

……大约 110 年后，当它们的总数将超过 10^{30} 只时，会产生强大的引力，这足以造成相对论性塌缩。

如果让狗存活和快乐的力量同时也让它们免于塌缩，那么我们就完全脱离了物理学的范畴，以至于谈论会发生什么都没有意义。但郑重声明，以下是你将会经历的标志性时间点：

- **150 年：**狗吞噬太阳系，包括柯伊伯带。
- **197 年：**狗构成的球体外缘开始以超光速的速度膨胀。
- **200 年：**狗到达天狼星。
- **250 年：**狗包围了银河系。
- **330 年：**狗球体囊括了可观测宇宙。
- **417 年：**迪士尼发布该系列的最后一部电影。

61 飞向太阳
INTO THE SUN

Q. 大约 8 岁的时候，我在科罗拉多州一个寒冷的日子里铲雪，希望自己能立即被运送到太阳表面，只待 1 纳秒就好，然后立即被运送回来。我想这足以让我暖和起来，同时也不会伤到我。实际会发生什么呢？

—— AJ，堪萨斯城

A. 信不信由你，这并不会让你感到温暖。

太阳表面的温度大约是 5800 开尔文[1]。你在那里待一段时间就会被烧成灰烬，但 1 纳秒并不是很长——足够让光传播差不多 1 英尺。[2]

---

1 或摄氏度。当温度开始有许多位数时，这真的无关紧要。
2 1 光纳秒是 11.8 英寸（0.299 72 米），非常接近 1 英尺。我认为把英尺重新定义为恰好 1 光纳秒会很好。这就引出了一些显而易见的问题，比如"我们是不是要重新定义英里，以保持它等于 5280 英尺？""我们需要重新定义英寸吗？"，以及"等等，我们为什么要这么做？"但我想其他人可以解决这个问题。我只是提供创意的人。

假设你面朝太阳。一般来说，你应该避免直视太阳，但当太阳占据了你180°的视野时，这就很难避免了。

在那1纳秒内，大约1微焦耳的能量会进入你的眼睛。

1微焦耳的光不是很多。如果你闭着眼睛面对电脑显示器，然后快速睁开、合上眼睛，你的眼睛在反向眨眼[3]时从屏幕上吸收的光线大约相当于在太阳表面停留1纳秒所吸收的光。

在太阳表面的1纳秒内，来自太阳的光子会涌入你的眼睛，击中你的视网膜细胞。然后在1纳秒结束时，你已

---

3 有没有一个词可以形容这一点？应该有一个词来形容这一点。

经跳回家了。此时，视网膜细胞甚至还没有开始反应。在接下来的几百万纳秒（几毫秒）内，吸收了大量光能的视网膜细胞将开始运转，并向你的大脑发出信号，告诉你发生了什么事情。

你在太阳上待 1 纳秒，但你的大脑需要 3000 万纳秒才能注意到。在你看来，你所看到的只是一道闪光。闪光的持续时间似乎比你在太阳下的时间长得多，只是随着你的视网膜细胞安静下来才会消退。

你的皮肤吸收的能量很少，每平方厘米暴露的皮肤大约有 10^{-5} 焦耳。相比之下，根据 IEEE P1584 标准，将手指放在丁烷打火机的蓝色火焰中 1 秒，皮肤会收到约 5 焦耳每平方厘米的能量，这大致是二级烧伤的阈值，你造访太阳期间吸收的热量会比这个低 5 个数量级。除了眼睛里微弱的闪光，你甚至不会注意到这件事。

但如果你把坐标弄错了怎么办？

太阳表面相对凉爽，比凤凰还要热，但与内部相比，表面的温度要低得多。表面是几千摄氏度，但内部是几百万摄氏度。[4] 如果你在那里待上 1 纳秒会怎么样？

太阳内的一个人
（NASA 模拟）

根据斯特藩－玻尔兹曼定律，我们可以计算出当你在太阳内部时会接触到多少热量。结果不太好，在太阳内部待 1 飞秒后，你就会超过 IEEE P1584B 的二级烧伤标准。如果在那里待 1 纳秒，也就是 100 万飞秒，你不会有好下场的。

好消息是：在太阳内部深处，携带能量的光子波长非常短，它们大多是我们所认为的硬 X 射线和软 X 射线的混合。这意味着它们会穿透到你身体的不同深度，加热

4　日冕，太阳表面上方的稀薄气体，温度也高达几百万摄氏度，没有人知道其原因。

你的内脏，还会电离你的 DNA，在它们开始燃烧你之前就已经造成不可逆转的损害。回过头来看，我注意到我以"好消息"作为这一段落的开头。我不知道自己为什么要这么做。

在希腊传说中，伊卡洛斯飞得离太阳太近，导致高温熔化了他的翅膀，致使他跌落而死。但"熔化"是一种相变，它是温度的函数。温度是内能的量度，它是入射功率通量随时间的积分。伊卡洛斯的翅膀不是因为他飞得离太阳太近而熔化，而是因为他在那里待的时间太长了。

简要游览，小步跃迁，你就可以去任何地方。

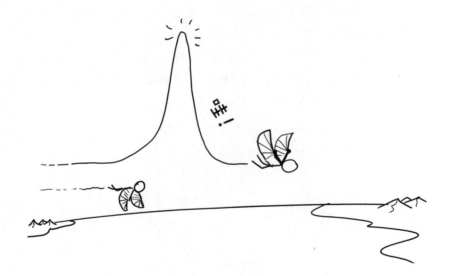

62 防晒霜
SUNSCREEN

Q. 假设防晒霜的 SPF（防晒指数）与它声称的相符，那么 1 小时的太阳表面之旅需要多少 SPF 的防晒霜呢?

—— 布莱恩和麦克斯·帕克

- -

A. 防晒霜的 SPF 值为 20，这意味着它应该只允许太阳紫外线的 1/20 到达皮肤，让你被太阳灼伤之前在太阳下停留的时间变成原来的 20 倍。

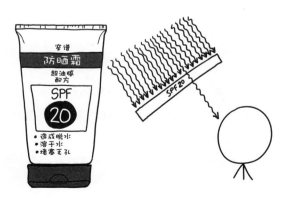

　　太阳附近非常热。[1]在靠近太阳表面的地方，热量和辐射的强度大约是地球轨道处的 45 000 倍，所以你需要 SPF 45 000 的防晒霜才能抵消热量和辐射对身体带来的影响。

总的来说，太空中的紫外线辐射更多，因为你没有地球大气层的保护。

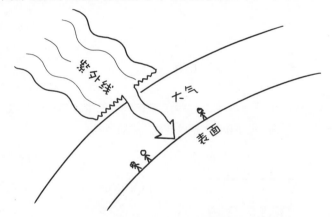

　　如果宇航员没有紫外线防护服，他们晒伤的速度会比在地球上快得多（有报道称，阿波罗宇航员吉恩·塞尔南撕破了宇航服中厚厚的隔热层，导致他背部下方被严重晒伤）。

　　虽然太空中的波长混合与地面上的略有不同，但太空的总体紫外线指数可能是地球上晴天时的 30 倍左右。

　　这意味着你需要再增加 30 倍的防护性，此时所需的防晒霜 SPF 会达到 130 万。

1　山塔那合唱团，C.，I.Shur，R.Thomas，*Smooth*（纽约，NY：Arista，1999 年）。

　　幸运的是，这并不需要很多防晒霜！从理论上讲，由于 SPF 是一个乘数，当你涂上几层时，你应该把它们的 SPF 等级相乘。如果涂上一层 SPF 为 20 的防晒霜，那么只有 1/20 的太阳辐射能到达你的皮肤，这意味着如果涂上第二层相同的防晒霜，接收到的太阳辐射应该会再成为之前的 1/20，总共缩小到原来的 1/400。如果这是真的，那么涂两层 SPF 为 20 的防晒霜将相当于涂一次 SPF 为 400 的防晒霜！

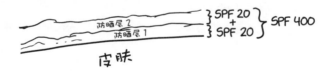

　　5 层 SPF 为 20 的防晒霜相当于 320 万 SPF 的防晒霜，足以阻挡太阳表面的紫外线。

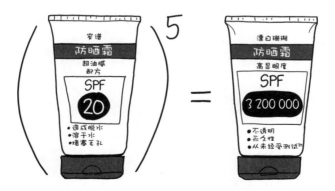

美国食品药品监督管理局（FDA）的测试标准称，防晒霜应该涂成大约 20 微米厚的一层[2]。这意味着从理论上讲，你只需要涂 100 微米 SPF 为 20 的防晒霜，相当于一根头发的直径，无论你离太阳有多近，都可以保证你的安全。

别担心，没事的，我涂了5层防晒霜。

这显然是错误的。原因有很多，但最重要的一点是，防晒霜不能阻挡太阳的热量，它只能阻挡紫外线。为了成功阻挡太阳的可见和红外线热辐射，你需要一层厚得多的防晒层，而防晒霜本身会升温并蒸发掉。即使是 10 米厚的防晒霜也不能保护你的皮肤不被晒熟。

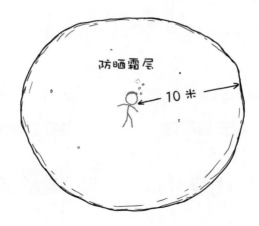

防晒霜层

← 10 米 →

---

2 实际上，防晒霜会在皮肤的凹槽和凸起的地方形成一层不规则的防晒层，而且大多数"晒伤"都是在防晒层较薄的"窗口"发生的。由于防晒层不规则，加上大多数人没有涂上足够厚的防晒霜，所以 SPF 值可能被高估了两倍或更多。

理论上，一个悬挂在太阳表面附近的足够大的防晒霜球可以持续保护你足够长的时间，但还有一个问题：你需要覆盖整个身体以避免被蒸发，瓶子上清楚地写着避免进入你的眼睛。我们可能也应该把这点添加到我们的清单中。

不应该做的事情
（第 3649 部分？）

#156 824 吃患狂犬病动物的肉
#156 825 为你自己做激光眼科手术
#156 826 告诉加州家禽监管机构，你的农场
正在销售宝可梦蛋
#156 827 把尼亚加拉大瀑布的全部水流输送
到一个物理实验室的开着的窗口中
#156 828 将氦气注入你的腹部
#156 829 （新增！）躺在 10 米厚的防晒霜
球里进入太阳

63 在 太 阳 上 行 走
WALKING ON THE SUN

Q . 太阳耗尽燃料后会变成一颗白矮星，慢慢地冷却下来。什么时候它才能冷到可以去触摸？

—— 贾巴里·加兰德

A . 太阳将在大约 200 亿年后冷却到室温。

现在[1]，由于太阳的核心越来越重，它变得越来越热了，这使得它的引力也更大，燃烧氢的速度更快。大约 50 亿年后，太阳开始耗尽用来燃烧的氢。当太阳核心由于自身的重量坍缩时，坍缩的热量将引发几次剧烈的暴涨，这将使太阳的外层[2]膨胀，然后被炸飞。最后，剩下的太阳将坍缩成一个不活跃的、快速旋转的、略大于地球的球体———颗白矮星。

起初，剧烈的坍缩让太阳残骸变得非常热，但是随着时间的推移，太阳残骸将热量辐射到太空中从而逐渐冷却下来。数十亿年后，太阳将比现在更冷。50 亿年或 100 亿年后，它的温度将会和篝火的温度差不多，几乎所有热量都辐射到了红外波段中。然后再过 100 亿或 200 亿年，太阳的温度就会变得和室温一样。[3]

---

1 2022 年。
2 也许会吞噬掉地球。一个好迹象是，地球的毁灭这一事实被归入了脚注，这说明了本章的走向。
3 现在天空中还没有达到室温的恒星，因为宇宙还不够老。第一代坍缩产生的白矮星依旧很热，它们需要数十亿年的时间才能冷却下来。宇宙还很年轻。

你可以试着触摸它，但不建议这样做。为了知道原因，让我们想象一下你跳进一艘宇宙飞船向它飞去。

太阳的白矮星遗迹比原来的太阳要小得多。当你的宇宙飞船到达先前太阳表面的位置时，残余的太阳看起来只会比天空中的满月略大一点儿。[4]

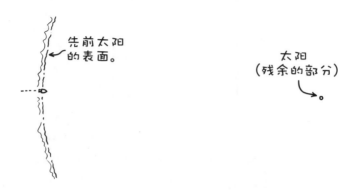

与现在宇宙中所有的白矮星不同的是，太阳的残骸不会产生任何光。你需要在宇宙飞船上安装前探照灯才能看到它。

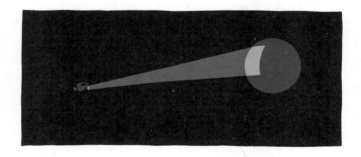

白矮星（残余的太阳）的表面可能会呈暗灰色。在巨大的压力下，大部分大气都会聚集在表面，但残余的氢可能会产生蓝色的霾。

当你滑向恒星时可能感觉还不错，但是如果你试图停下来欣赏一下景色，就会遇到麻烦。残骸的质量大概还有原始太阳质量的一半，这意味着在这个距离上的引力已经是地球引力的 10 倍左右。如果你试图在原地盘旋或转身，除非穿着加速服，否则你会因为重力而晕厥。

4　回到我们有月亮（以及还有一片天空）的时候。

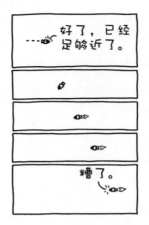

但是，如果转身返回是一个错误，那么继续前进则是一个更糟糕的选择，因为没有任何办法可以让你在一颗寒冷的矮星表面受控着陆。问题不在于是否能降落，而在于如何在终点停止。如果你让自己一头扎向恒星，当你到达它的表面时，移动速度大约是光速的 1%，那么飞船会在撞击时解体。

如果你真想让一艘飞船降落在白矮星上，可以尝试类似冲浪的方法。如果你等到大气层基本在白矮星表面稳定下来，可以把一个飞行器送入表面切线轨道，并尝试沿着表面滑行，逐渐减慢自己的速度。你将需要一个巨大的绝热冲浪板，在核聚变层上滑行。这当然是一个糟糕的计划，几乎不会奏效，但我想不出还有什么办法让你去尝试。

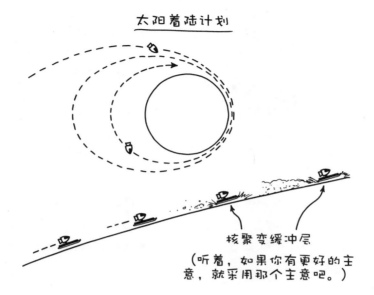

你需要发射一个机器人探测器，因为人类无法在白矮星表面生存，没有压力服或其他生存装置可以让你活着。

当你设法将机器人探测器轻轻放在恒星残骸的表面，它不一定会被重力粉碎。虽然人类无法在那里生存，但从理论上讲，某种计算机或许能够做到。在体积小得多、密度大得多的中子星上，任何由分子组成的物质都会在强大的引力作用下被压成一层薄薄的原子层，但在地球大小的恒星残骸[5]上，一些建筑结构仍可以支撑自身存在。

在地球上，你可以用冰做小型雕塑，但你不能把它塑造成一座超过 1 英里高的山，它会因为自己的重量而坍塌，像冰川一样流动。在恒星残骸上，冰制结构将被限制在大约 1 英寸的高度。其他材料可以支撑更大的结构，但即使有已知最坚硬、最不可压缩的物质钻石，用它建造出的摩天大楼大小的金字塔也会坍塌。

---

5 译注：指白矮星。

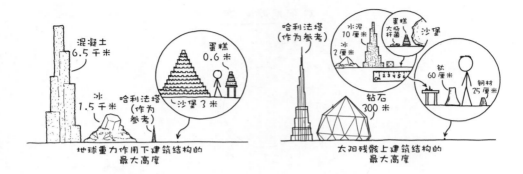

地球上，一根悬吊着但不会因为自身重量的作用而被拉断的钢缆可以达到 4 英里长。在一颗白矮星上，电缆仅能够承受 3 英寸长的自身重量，同时白矮星上最大的悬索桥不能跨越超过一英寸宽的缝隙。因此建造一个更大的建筑需要更高强度和重量比的材料，如蜘蛛网。

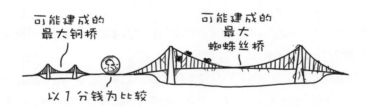

所有论证都告诉我们，你的着陆器可能需要像蚂蚁一样的大小而不是像人类大小，而且你不应该指望有很多活动部件。或许你可以建造一个嵌入了一些电子设备的小立方体，它能够通过无线电将观察到的信息传回给你。

让机器人探测器着陆算是接触恒星吗？我不知道，这是一个哲学问题。但如果你想用手触摸恒星，那么答案是永远不可能。即使一颗恒星冷却到室温，你也无法在亲手触摸它的同时存活下来。

如果你不关心存活的部分……

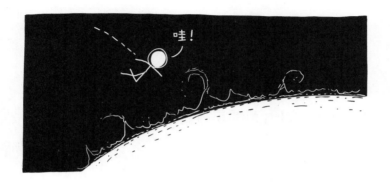

……那么从理论上讲，你现在可以触摸太阳了。

64 柠檬糖雨和口香糖雨

LEMON DROPS AND GUMDROPS

Q. 如果所有的雨滴都是柠檬糖和口香糖呢?

——杨·佩斯科·朔

如果所有的雨滴都是柠檬糖和口香糖。

哦,那将是一场多么大的雨啊!

我会张大嘴巴站在外面!

——儿歌

A. 即使按"What if?"系列书的标准,这种情况也会是一场灾难。

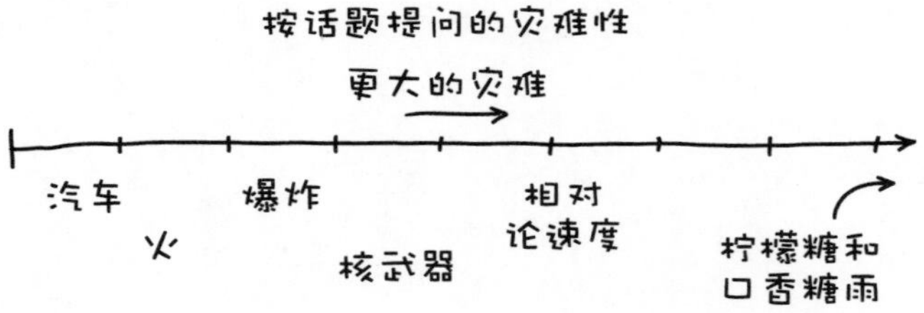

按话题提问的灾难性

更大的灾难

汽车　火　爆炸　核武器　相对论速度　柠檬糖和口香糖雨

一滴柠檬糖雨的最终速度约为 10 米每秒。这速度可能还不够快，不会造成伤害，但柠檬糖雨在你的牙齿上反弹时肯定会疼。

口香糖雨比柠檬糖雨更软，所以它们不会有那么大的伤害，但用嘴巴接住它们听起来仍然是窒息而死的好方法。你最好等待风暴过去，再把它们从地上捡起来。

第一场柠檬糖雨和口香糖雨会很美味。活动结束后，你可以跑到田野上，从地上捡起糖果尽情享用，就像兴奋的孩子们参观威利·旺卡的糖果厂一样。唯一不同的是，在参观旺卡工厂的活动中，并不是所有的参观者都死了。

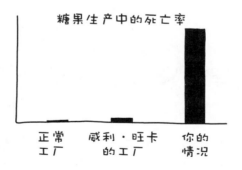

我们假设水被相等质量的柠檬糖和口香糖取代，那么一场典型的暴雨将会给地面铺上一层齐脚踝深的糖果。与雨水不同的是，糖果不会渗入土壤，也不会流到山坡上。它们只会留在地上。孩子和动物会在糖果堆上留下一个小凹痕，消化糖的细菌会在其他地方迅速繁殖，但是大部分糖果会留在那里，在阳光下融化。

下了几个星期的柠檬糖雨和口香糖雨之后，屋顶就会开始坍塌。

多雪地区的房屋屋顶通常需要承受每平方英尺 20 到 60 磅的重量，相当于约 30 厘米深的水的重量。美国东部每年的降雨量约为 1 米，这意味着在几个月内，大多数平坦的屋顶将在重压下坍塌。

我们不会马上渴死，因为含水层和湖泊有足够多的水可以维持我们生活很长时间，尽管地表水含的卡路里会越来越高。

农业将会崩溃。以水为基础的降雨突然停止，会立即导致全球干旱。许多农作物依靠湖泊和含水层的灌溉系统来灌溉，但即使是这些灌溉系统，也会很快被成堆的糖果掩埋。如果你的庄稼真的存活下来，那么收割它们也将是一场噩梦。祝你好运，开着你的拖拉机穿过和膝盖一样高的柠檬糖及口香糖的黏性层。

几年内大多数人类城市将被糖覆盖，整个星球会变成糖果庞贝城。

农业存活时间最长的地方将是沙漠地区，那里的农作物几乎完全通过灌溉系统来灌溉，比如埃及尼罗河沿岸的农田、加利福尼亚州的帝国山谷，或者土库曼斯坦的沙漠。开罗和利马等城市的年降雨量几乎为零，这样的城市能够在未来几年内保持相对无糖的生活，尽管世界其他地方的毁灭会带来一些问题。

欧洲歌唱大赛现在不那么有趣了，40多个国家都被糖果淹没了，只剩下摩洛哥一个国家了。

但你得承认，他们的歌《哈哈失败者（我打赌你希望你们的沙漠像我们一样干燥）》真的很朗朗上口。

我认为他们理应获胜。

归根结底，我们这种物种不太可能存活很长时间，但柠檬糖和口香糖带来的后果将比简单的人类灭绝要严重得多。在短短几天内，糖的重量将会超过地球上的所有生物重量，如此巨大的糖制地毯将从根本上重塑地球。

糖是一种碳水化合物，可以分解成二氧化碳和水，这个过程会释放能量，这也是为什么糖在儿童、蜂鸟和细菌等精力充沛的生物中如此受欢迎。如果你在土壤中加入糖，大部分糖将被细菌消化，并以二氧化碳和水的形式回到环境中。

任何可以靠糖生存的东西都会突然发现自己处于一个没有限制的环境中。多数的糖会被掩埋而不被消化掉，但也有一些糖会被其他过程消化或氧化——比如火。当这种情况发生时，二氧化碳的水平会飙升，地球会升温变暖。

柠檬糖和口香糖的密度比水的密度大[1]，所以掉进海里的柠檬糖和口香糖会在溶解前下沉，使海面暴露在大气中。随着地球变暖，海水从炎热和含糖量越来越高的海洋表面蒸发的速度会越来越快。

太好了吧！

---

1 我刚倒了一杯水，试着往里面放了很多糖果。这就是科学！

如果一颗拥有海洋的行星温度过高，大气中就会充满水蒸气。这些水蒸气可以收集更多的热量，产生一个失控变暖的反馈循环，直到海洋蒸发殆尽。在遥远的过去，类似的事情可能曾经在金星上发生过。幸运的是，经过一番令人伤脑筋的计算，科学家们普遍得出结论，地球短期内不会有温室效应失控的危险。即使我们把地球上的化石燃料都烧光了，大气中的二氧化碳也不足以引发海洋沸腾的热量循环。

但是糖可以做到引发失控的温室效应。如果糖中的一小部分碳被氧化，大气中的二氧化碳水平将在几年内从目前的[2]0.042% 上升到 5% 或 10%，这是自地球更年轻、太阳更冷更小以来未曾有过的水平。模型表明，这样的水平可能会引发失控的温室效应。

当全球气温上升到火炉般的水平时，地球表面上的生物将几乎灭绝殆尽，生命之树也将终结。也许除了一些幸运的嗜糖嗜热菌外，没有生命可以存活下来看着地球上的水被煮干。很快，地球将成为一块烧焦的、死气沉沉的大岩石，甚至海底都将覆盖着含糖黏性物质，这些物质是充满糖的海洋沸腾后留下的。

---

2 我估计这一统计数据将在 2024 年 12 月左右失效。

最后的一线希望：一旦海洋沸腾，就不会再有雨滴变成柠檬糖和口香糖，所以至少降雨会停止。地球看起来可能很像金星：几乎没有水蒸气，同时温度太高导致无法凝结成雨。

金星并不是完全没有降水。它的山顶覆盖着一种我们称为"雪"的物质，实际上更像是霜，它看起来像是从低地蒸发出来的金属，然后沉积在山上。在一个后温室效应失控的地球上，我们的地球可能会像金星一样，干燥、灼热的山顶上覆盖着金属雪。

也许我们应该跳过下一段。

致谢

很多人的帮助让这本书成为可能。

感谢所有慷慨地与我分享他们的专业知识的人。感谢辛迪·基勒回答了我关于高能粒子的问题；感谢德里克·洛对氨和摩擦发光的洞察；感谢娜塔莉·马霍瓦尔德告诉我不要呼吸铁蒸气；感谢哈佛大学图书馆创新实验室的 A.J. 布莱切纳、乔纳森·齐特雷恩、杰克·库什曼和回答了我关于法律的问题的所有人；感谢凯蒂·麦克回答了关于空间和时间的问题；感谢哈佛大学的玛雅·贝加马斯科和国际联合委员会的德里克·斯佩雷提供了有关守卫尼亚加拉大瀑布的神秘而秘密的国际瀑布警察的信息；感谢菲尔·普莱特回答有关望远镜的问题；感谢特蕾西·威尔逊称重生奶油；感谢联邦检察官，他告诉我犯罪是不好的，但要求匿名，因为"这样更有趣"。

感谢凯特·黑根、珍妮尔·谢恩、鲁文·拉撒路和尼克·默多克阅读我的答案并提供评论；感谢克里斯托弗·奈特以惊人的速度审核了这本书，从白矮星的结构尺寸限制到马里奥游戏的蘑菇数量的所有数字。需要说明的是，任何的错误都是我的。

感谢我的编辑考特尼·杨从一开始就信任我，并一直指导这本书的出版；感谢纽约州河源出版社的整个团队，包括洛里·杨、珍妮·莫尔斯、金·戴利、阿什利·萨顿、阿什利·加兰德、吉恩·马丁、杰夫·克洛斯克、加布里埃尔·莱文森、梅丽莎·索利斯、凯特琳·努南、克莱尔·瓦卡罗、海伦·延图斯、格蕾丝·韩、蒂里克·摩尔、琳达·弗里德纳和安娜·谢特奥尔。

感谢克里斯蒂娜·格里森，她是一位才华横溢的设计师，也是我的好朋友，她把我的话写成了一本书。感谢凯西·布莱尔监督整个项目，将一切保持在正轨上。感谢玛丽莎·甘宁的组织帮助，感谢德里克帮助实现了整个事情，感谢我的经纪人塞斯·菲什曼和格纳特公司的员工，包括杰克·格纳特、丽贝卡·加德纳、威尔·罗伯茨和诺拉·冈萨雷斯。

感谢每一位提出问题的人。感谢使回答这些问题成为可能的研究人员。感谢我的妻子——对一切充满好奇，对世界充满兴奋，并一直在寻找冒险之旅。

HAS TURNED
ON THE FASTEN
SEAT BELT SIGN

LEAN: 40° H=9m
MASS:60kg
θ=21.6 $A_x=4ft^2$

$F_{SPAGHETTI} = \frac{Gm_i}{4d}$

$\cos^2\theta = \cos\theta$

$\left| \frac{293k-273k}{334\ kJ/kg} \right| M$

$\sqrt{2}=\sqrt[2]{2}$

$V=\frac{4}{3}\pi r^3 = \frac{21}{5}r$

$\pi \approx 1$

$G_Q = 9.772\ m/s^2$

THERE ARE
TOO MANY
NUMBERS

$E_* = \frac{3Gm}{5r}$

|x|o
|x|x
x|o|x

$E_g = -\frac{3}{5}\frac{m^2}{r}$

$P=\frac{2}{3}\pi G\rho^2 r^2$

$\heartsuit = \frac{3}{8}\frac{1}{G\pi}g^2$

$R_b = 1.22\frac{\lambda}{d}$

$N_{dogs} = 6\times10^9 \times 1.6578^t$

$2\frac{K_e}{3k}$